寿命は遺伝子で決まる

——長寿は女性の特権だった

The Better Half

On the Genetic Superiority of Women

Shäron Moalem

シャロン・モアレム

伊藤伸子 訳

柏書房

寿命は遺伝子で決まる——長寿は女性の特権だった

かつては無視を決めこんでいたが、じつは真実にほど近い問題、すなわち女性の高潔さと卓越性について私は論じた——できうる限り果敢に、だがそれには含羞も伴った。[1]

——ハインリヒ・コルネリウス・アグリッパ、アントワープ、一五二九年四月一六日

注意

本書で取り上げた人たちについては、患者本人、その同僚、知人、友人、家族を保護するために、名前、事例など個人を特定できる情報を一部変更しています。事例によってはさらに匿名性を高めるために、また考察や診断に至るまでを理解しやすくするために、内容を少し変えて説明しています。

本書は、病気の解説や医療の手引きではなく、あくまでも参考資料としてお読みください。みなさんのかかりつけ医による治療に代わるものではありません。現在、健康に問題を抱えていらっしゃる方には、適格な医療機関での受診をおすすめします。

ペーパーバック版によせて

体が大きい、背が高い、足が速い、力が強い。どの言葉も昔から、男性を描写する場面で枕詞のように使われてきた。では、科学的にもう少し正確な言葉で表すと、男性は肉体的にも精神的にも虚弱で脆弱であるとなる、としたらどうだろう。

二〇一九年が終わりを迎えるころ、中国の武漢で予期せぬ事態が起こりはじめていた。新種のウイルスに感染した人々が多数死亡していることが明るみになってきたのだ。世界は新型コロナウイルスに見舞われ、これを境に現代の生活様式ががらりと変わっていくことになった。

残念ながら、次々と明らかになる惨事は、私が本書のハードカバー版で示した予想のとおりだった。今度、微生物による大々的な攻撃にさらされることがあったら、女性よりも男性のほうに悪影響が及ぶだろうと私は見ていた。二〇二〇年に入り新型コロナウイルスが世界中に蔓延すると、明らかに女性よりも男性のほうが多く亡くなった。男性の死亡者数が女性の二倍となった国もある。

死亡者数の男女差を解明しようと試みるも当初は、生まれながらの生物学上の差異は考慮せず、ほぼ例外なく行動変数に注目しがちだった。男女差の説明をする際の行動に寄せる信頼は、簡単には崩せない習性のようなものだ。

お決まりのように専門家が集められ、各人が、女性に見られる「不可解な」生存の優位性について説明をしていく。女性があまり死亡しない理由のひとつとして、専門家がまず言及するのは、頻繁に、しかも念入りに手を洗うといった女性ならではの優れた衛生習慣だ。その後、次々と証拠があがってくるにつれて、どの行動をとってもじゅうぶんには説明しきれないことがわかってきた。たとえば衛生状態を見てみよう。男性のほうが不潔で、手洗いを避ける人が多いことが指摘され、これが、COVID-19による男性死亡者数の多さの一因だとさかんにいわれていた。ところが、国によっては感染者数は女性のほうが多いのに、死亡者数は男性のほうが多いという報告が出はじめた。医療従事者についても同じ傾向だった。世界的に見ると医療従事者の七五パーセントが女性だが、男性のほうがはるかに多く死亡していた。したがって、単なる手洗い以外の理由が間違いなくあるはずなのだ。

もちろん、行動の結果で健康状態は大きく変わる。だが、行動だけが男性の死亡者数を上げる要因ではない。今回、私たちは一生に一度あるかないかのパンデミックのまっただなかで、いわば人類最古の物語の再現を目撃している。つまり、飢饉にしろパンデミックにしろ災厄に見舞われたら、生き延びるのは女性である。新型コロナウイルスは、生物学的に見て男性がいかに脆弱かを、ぞっとするほどはっきり示している。この話はパンデミックだけに限らない——世界中どこでも、一歳の誕生日を迎えられる可能性が高いのは、生まれた瞬間からずっと男児よりも女児のほうだ。

生存率における同様の差異はがんでも見られる。女性の健康は全般にわたって大きく改善されてきたとはいえ、過去五〇年のデータによれば、ほぼ全種類のがんで死亡者数は女性よりも男性のほうがつねに多い。平均ではあるが筋肉量や体力は遺伝的男性が女性を上回るものの、身体を苦しめる状況に見舞われた場合は、生まれてから晩年を迎えるまでまず例外なく遺伝的女性のほうが生き延びる。このような状況をそろそろ認めてもよいのではないかと、今回のパンデミックは教えてくれた。こういった差の生じる原因は、女性がX染色体を二本受け継ぎ、生涯にわたって使い続けるのに対して、男性は一本しか使えないことに負うところが大きい。二本のX染色体を利用できることで、遺伝的女性には遺伝子レベルの幅広い多様性があり、ひいては細胞どうしが協力しあい、さまざまな遺伝資源を分かちあえるようになっている。

女性はX染色体を二本受け継いでいるおかげで、男性に見られるX連鎖遺伝病とはほぼ無縁だ。さらに重要なのは、X染色体を二本もっていることが生涯のどの時点においても生存に有利に働くことだ。女性がX染色体を二本もって誕生し、女性のほうが生まれながらに遺伝的優位性をもつ現象を、私は同形配偶子の法則と呼ぶ。

同形配偶子の法則に疑いの余地はなく、これは紛れもない事実である。あなたが同じ性染色体を二本受け継いでいるとしたら、XX同形配偶子をもつ女性として、遺伝的に天賦のものをもっていることになる。XY異型配偶子をもつ男性として生まれたのならば、遺伝的には不利である。本書を書き下ろした目的は、遺伝に根ざした性差を解明するにあたって、同形配偶子の法則とその重要性に注目してもらうことにある。医学の世界では、基本的な生物学的性差を避けてとおると、どちらの性別に対してもじゅうぶんな成果を望めない。遠い将来のことまではわからないが、生物種としてのヒトの生存を左右する遺伝子レベルの多様性を維持するには、遺伝的な両性の生存が最重要となる。どうやら習慣や環境にかかわらず女性は生き延びるための遺伝資源を生まれながらに有しているらしいことを、COVID-19は白日のもとにさらした。
ここで問われるのは、新型コロナウイルスによる死亡者数が男性に著しく偏っているという事実をもって、両性間に存在する、簡単には納得しがたい生物学的差異を私たちが受け入れられるかどうか、である。

シャロン・モアレム、医師、博士

はじめに

まずは基本的な事実からはじめよう。女性は男性よりも長生きをする。[1]女性の免疫系は男性よりも強力だ。[2]男性に比べて女性のほうが発達障害を発症する可能性が低く、[3]多彩な色で世界を見ている可能性が高い。[4]全般的にみて女性は男性よりもがんとの闘いをうまく切り抜ける。要するに、人生のどの段階においても女性のほうが強い。なぜだろう。

私がこの問題にこだわるようになったのは、ある夏の夜、大きな自動車事故を起こし、病院に向かう救急車のなかで横たわっていたときのことがきっかけだった。ストレッチャーの上で各種モニターにつながれ、気がつくと、昔の体験をふたつ思い出していた。ふたつともはっきりと覚えていた。ひとつは、医師として新生児集中治療室（ＮＩＣＵ）で早産児の治療にあたっていたときのこと、もうひとつは一〇年前、神経遺伝学に着目して、人生の終盤を迎えた人を対象に研究を進めていたときのことだった。ふたつの出来事には何らかの接点があるように思えたのだが、それが何なのかは見当もつかなかった。

そのとき、救急車の後部でばたばたと処置を施されているなかで、私ははたと気づいた。人は誰しも、ある種の基本的な前提を疑わせるような決定的な出来事に出会うことがある。あの夏の夜、脳裏に浮かんだふたつの出来事が、さらにはそれに続いて考えがはっきり固まった瞬間がすべて、私が本書で伝えたいことにつながっている。本書のテーマはつまり、遺伝学的には女性は男性よりも優れている、である。

神経遺伝学者（神経変性疾患の遺伝メカニズムを専門にする研究者）として私が研究をはじめたころ、思わぬ問題がいくつか降りかかった。そのひとつが、研究に参加してくれる高齢者をじゅうぶんな人数集めることだった。研究課題は文句なし、研究遂行に必要な助成金もすべてそろっているのに、何度も行きづまり、延期を余儀なくされた。健康な高齢者で、こちらの希望する性別の協力者が集まらなかったからだ。募集するのに数年かかったりもした。

もっとも、サラが味方になってくれてからは話は別だった。サラは現在八〇歳代後半、両方の股関節にチタンを入れているのに、歩行器につかまらせたら誰も止められないほどの速さで歩く。一週間の予定を見ると水彩画講座に水泳、有酸素運動教室が入っていて、締めはダンスの夕べと決まっている。それでもものの足りないときは、町の高齢者センターのいずれかでほぼ毎日開催されている行事に参加する。さらに、一緒に過ごす家族や友人のいない、入院中の高齢者を訪問するボランティア団体のメンバーでもある。そんなサラは、私の祖母だ。

もっとのんびり過ごすよう、サラにはっきりいってほしいと、私は家族からよく頼まれる。とにかく忙しすぎると、みんなが心配している。だが、私の答えはいつも同じ。それほど活発に動いて、日々の活動に生き甲斐を見いだしているのだから、彼女は今の状態なりにうまくやっているんだよ。だが、じつは私にとってそれよりも大事だったのは、サラが人づきあいをやめてしまったら、即、高齢の研究協力者たちがいなくなってしまうことだった。

研究協力者の募集を祖母が初めて手伝ってくれたのは二〇年ほど前だった。このとき、彼女はさらりとアドバイスもしてくれた。いわく、「そんなそら恐ろしい白衣を着て名札をつけていたら、誰も研究に手を貸そうなんて思わないよ」。「私だったら、まず白衣を脱ぐね。看護師も――白衣はいらない。あれは相手を怖がらせる。手術を思い出すからね。みんな、手術なんて嫌でしょ。白衣を着ていなかったらふつうの人に見えるよ。そもそも、自分の一部を差し出してくださいって話なんだから、みんなにしてみたらそりゃあ一大事だ。まあ、やってみてごらんなさい――たくさん手をあげてくれるから」

祖母のいうとおり、私は白衣を着るのをやめた。うまくいった。志願者を前に、ふつうの人のような出で立ちで説明をすると、募集人数を超える協力者が現れた。問題はひとつ、説明会場にいる全員が参加を表明しても、特定の人口集団に属する人がいつも明らかに不足していた。男性が足りなかったのだ。

平均では、高齢になると女性は同年齢の男性の四年から七年ほどは長く生きる。[5] このような寿命の差は、年齢が上がるにつれてますます著しくなる。八五歳を過ぎると女性の人数は男性の二倍になる。さらに一〇〇歳以上では女性の生存優位性がいっそう大きくなる。現在、一〇〇歳以上の一〇〇人のうち八〇人が女性で、二〇人が男性だ*。

話はそれから一〇年後、木々の葉が色づきはじめた初秋の夕暮れどきに飛ぶ。私はＮＩＣＵに呼び戻され、待機していた看護師のレベッカと手洗い場の前で落ち合った。その場でレベッカは、数日前から入院していたふたりの早産児についてかいつまんで状況説明をしてくれた。二卵性双生児のジョルダンとエミリーは、わずか二五週で生まれていた——予定日より三か月も早かった。このときは、私はほんの数分だったがＮＩＣＵを出て病院のホールで座っていたところを突然ポケットベルで呼び出されたため、そこからよからぬものをうっかりもちこんで双子にさらさないようにガウンを着て、使い捨ての青い手袋をはめマスクをつけた。

レベッカは勤続三〇年を超える病院スタッフだった。ＮＩＣＵでは長時間にわたって、およそ簡単ではない業務をこなしているにもかかわらず、六〇歳代前半の実年齢よりも若々しかった。レベッカの声が聞こえたり、仕事ぶりに触れたりすると、どんなに緊迫した状況でもまわりにいる人間の気持ちは落ち着いた。医師も含めスタッフの多くは、病院で一番小さな患者のケアに迷いが生じたら、たいていレベッカに意見を求めた。レベル４ＮＩＣＵ〔訳注：米国の新生児医療で外科手術など複雑な処置をおこなう新生児集中治療室〕のベテラン看護師、レベッカは間違いなく早産児の気持ちを理解しながら看護にあたっていた。私はあの夜、彼女と交わした会話がきっかけとなり、研究

＊寿命の男女差を説明する要因はそれぞれの行動にあると、昔は考えられていた。わかりやすい例としては、男性のほうが多く出兵して亡くなる、あるいは危険な職業に就いている、など。現在は、遺伝的女性の寿命の優位性は生物学的要因に起因すると理解されている。

の方向と人生が変わることになった。

生まれたばかりの早産児は、懸命に闘い一日を何とか生き抜いている。おおかたの人はありがたいことにそんな状況を知らずに過ごしている。小さくて弱々しい早産児は、ちっぽけな透明の家のなかで、生きるためにひとりっきりで闘わなければならない。保育器は、妊娠中の子宮をおおざっぱに模している。その適切に調節された環境下で、早産児は自力で生きていけるくらい強くなるまで週数がたつのを待つのである。

レベル4のNICUには、早産児のなかでもとりわけ妊娠週数が短く、大がかりな治療が必要な赤ちゃんが入院している。ここの保育器は、外界の感染リスクから赤ちゃんを守るために空気濾過システムを備えている。また保育器内は湿度も適切に保たれている。予定よりも早く生まれ過ぎた早産児の皮膚は、たいていまだじゅうぶんに形成されていないため、脱水を防ぐ適切な防御機能を果たせないからだ。

このアクリル樹脂製の箱で過ごす、きわめて少数の人たちには、膨大な技術と人的資本がつぎ込まれている。赤ちゃんの命を維持し健康な成長を促すために、看護師と医師と家族がかかりっきりでいっしょに闘っている。

NICUに響く装置の音にはいつまでたってもなじめない。ファンがうなる音にモニターの出す信号音、それに警報音がときおりはさまると騒々しさのあまり、鍛えられた医療スタッフでも混乱してしまう。現代医療において光と音のおりなす光景が、早産児の健康状態によくない影響を与えることを示した研究報告があるのも不思議ではない[6]（近頃は改善しようと取り組む医師もいる）。

私はＮＩＣＵの世界にどんどん足を踏み入れていった。最初は医学生時代、次は医師になってからだった。ＮＩＣＵで過ごした時間は、畏敬の念と、叫びたいほどの恐怖との間で揺らいでいた。両方の感情が立て続けにわき起こることもあれば、ときには同時に起こることもあった。

とはいうものの、たいていの場合は待つことが多い。今日まで、医学はさまざまに進歩してきたが、それでも早産児の体に必要なのは何をおいても時間である。最終的には逆の意味での時間との闘いだ――早産児がしっかりした身体をつくるにはできるだけたくさんの時間が必要なのだ。ＮＩＣＵに入る理由はもちろんいろいろあるが多くは、ほかの臓器に比べて発達に時間を要する脳や肺が早産により危険にさらされるためである。

早産児の前には大きな問題がいくつも立ちはだかる[7]。そのひとつが、早産児が生き抜けるかどうかを左右する肺の発達である。早産児の肺は本来の状態まで育たないうちから、生命の維持に適した速さで酸素を取り込み、二酸化炭素を排出しなければならない。赤ちゃんが予定週数よりも早く生まれる理由はいまだにわかっていないが、介入治療する手段が進歩して生存できる公算が大きくなったことは救いだ[8]。

体温調節をしたり、膨大な数の微生物に目を光らせてその活動を阻止したりすることに、とてもじゃないが対処できない早産児もいる。外の厳しい環境に直面する用意が整うよりもずっと早く、子宮というゆりかごを離れた赤ちゃんが、予定日までの数か月を生き抜くのは奇跡といえる。だが、たしかに生き抜くことができる赤ちゃんはいる。早産児の生と死には、最終的にはいくつもの要因がかかわってくる——在胎期間や予期せぬ事態も含め。そして意外にも、この難局を乗り越えて生きられるかどうかを示す重要な指標のひとつは、つきつめると私がまさにさぐりあてようとしていた、とても単純なことにいきつく。

ジョルダンとエミリーを診察し終えると、私はレベッカに連れられて長い廊下の先にある静かな部屋に入り、双子の両親と面談をした。病院というところには、不安な家族が集まって落ち着いて過ごせる物理的空間があまりない。この病院にはうまい具合に、そんなふうに話のできる部屋が用意されていた。

私がサンドラとトーマスに双子の治療計画を説明しようとしたところ、ふたりのほうから自分たちが親になるまでの道のりを話し出した。何度もうまくいかず、一連のホルモン注射を繰り返し、体外受精も試みて、最後はほとんど諦めかけていたそうだ。

そうしてある日、とうとうそれが現実になった。妊娠がわかって大喜びはしたものの、最初は興奮しすぎないよう気をつけた。それまでの経験から、うれしい知らせはあっという間に悪い知らせに変わるものだと知っていたからだ。だが、何日も、何週間もたつにつれて、今回の妊娠が幸せへとたしかに続いていると、だんだん信じられるようになっていった。超音波画像で赤ちゃんを見て、しかもそれがひとりではなく、ふたりだと知ったとき、サンドラとトーマスは家族を迎えるという願いがかなったことを確信した。

そうしてひと息ついたところで、またもや試練に見舞われた。ブルックリンの静かな部屋がふたりの幼子のにぎやかな声であふれる、そんな様子を思い浮かべる日々が一転して、生き延びてほしいと願い祈る日々に変わった。

ある晩、遅くに私はレベッカに呼び出された。ジョルダンの容態が気になるとのことだった。レベッカは長年の経験からそう判断したようだが、彼女の直感はたいてい正しい。入院してからずっと担当してきた私は、双子を診るのを楽しみにしていた——ふたりとも入院初日からどんどん変わってきていた。そのため、レベッカの話を聞いて私は動揺した。NICUに入って二週間がたち、エミリーもジョルダンもありがたいことに自力で呼吸はしていたけれども、まだ危険を脱してはいなかったのだ。

私は、ジョルダンの命を支えている機器から伸びるコードに引っかからないようにして、彼の保育器に向かった。私に続いてレベッカも、毎度の入室手順をしっかり踏んで——手洗い、ガウン着用、手袋とマスク装着——、ジョルダンのベッドサイドにやってきた。楽観できない状況だった。最悪の事態に備えたほうがいいと、私はレベッカにいわれた。彼女は正しかった。一二時間後、ジョルダンは息を引きとった。

数年がたち、病院のカフェテリアで私はレベッカとばったり出会った。私は別の施設に異動していて、このときは講義をするためにここを訪れていた。レベッカは長年にわたって献身的に勤め、その月の終わりには退職することになっていた。これからは七人の孫や二人のひ孫と一緒に過ごす時間が増えると心待ちにしているようだった。私は、あの夜のＮＩＣＵでの経験を今でもあざやかに覚えていると彼女に話した。

「そうね、ふたりのことはあなたの頭から離れないと思いますよ」とレベッカはいった。「私もいまだにどちらの顔も覚えています」。彼女はコーヒーに手を伸ばしてひと口飲んだ。

私は彼女にたずねた。「ずっと、あなたに聞こうと思っていたことがあるんです」、「ＮＩＣＵでのあの夜――どうしてジョルダンの容態に気づいたのですか。回復しそうにないと思った理由は何ですか」

「はっきりしているわけではないのですが……この仕事を長く続けていれば、状況を見きわめる感覚が養われます。私たちは、たいていは自分の個人的な判断で動きます。いつでも検査の結果によって、最初から明らかになっているというわけではありません。ただの直感かもしれませんが、ひとつたしかなのは、ＮＩＣＵでは女の子に比べると男の子のほうがまず厳しい事態に陥ります。これは、ＮＩＣＵだけの話ではないと思っているんです……私は一二年前に夫を亡くしています。私の女友達もおおかたが連れ合いを亡くしています」

私は、たった今、レベッカがしてくれた話を静かに振り返っていた。祖母のことと、人生の終わりにさしかかった男性の数が足りなかったことが自然と思い出された。その瞬間、これまでの研究や臨床での経験、すべてがひとつにまとまった気がした。長い間、立ちこめていた霧のなかからはっきりと問いが浮かびあがってきた。

「男性は女性よりも強いものだと、私は教えられてきました。ですが、見てきた限りでは、臨床でも遺伝学の研究でも逆でした。むしろ男性のほうが弱いように思えるのはなぜでしょうか」と、私は尋ねた。

「そもそも、その問いが間違っているんじゃないですか」と、レベッカはコーヒーをかき混ぜながら、ゆっくり答えた。「男性の弱さはひとまず忘れて。たぶんあなたが知りたいのは、何が女性を強くしているのか、という問いの答えだと思います」

レベッカに指摘された問いに対する答えは六年後に見つかった。気持ちのよい夏の日のこと――ビーチまで、かっこうのドライブ日和だった。長い冬が終わり、雨がちな春が過ぎて、ようやく太陽が顔を出していた。私は妻のエマに約束をした。今日はふたりだけで静かに過ごし、緊急の呼び出しには応じない。電話の電源も切った。記憶では最後は、腕を伸ばしてエマと手をつないでいた。そのときはちょうど、車の少ない道路を西に向かっていて、昔、いっしょにダンスを踊りながら初めて聞いたレナード・コーエンの『哀しみのダンス』を口ずさんでいた。

あとで目撃者から聞いた話によると、赤信号を無視してきた車が私たちの車に横から衝突したそうだ。時速四五マイル（約七二キロメートル）を超える、ものすごい勢いでつっこんできたとのこと。私たちの車は二回転した。衝撃は激しく、車の屋根はへこみ、どちらのエアバッグも開かなかった。車の損傷があまりにもひどかったため、最初に対応した救急隊員はかなりの重傷を覚悟したという。しかし運のよいことに、私たちは生きていた。

車がひっくり返った拍子にふたりとも打撲を負い、粉々に割れた強化ガラスが降ってきたため出血した。事故状況のわりには怪我はそれほどひどくなく、ふたりとも同じ程度だった――エマのほうがやや深刻。病院へ急ぐ救急車の後部で脊椎固定担架に縛り付けられた状態の私が何を考えていたか、みなさんにはおわかりだと思う。エマが、X染色体を二本もつ遺伝的女性でよかった。

生まれてくるときも、一生を終えるときも女性のほうが強いのはなぜか、この問いを考えたほうがよいといったレベッカの言葉を、私は思い返していた。臨床での経験や研究から私にはわかっていた。[9] 仮に妻と私の怪我がまったく同じだったとしても、ふたりの差異を考えると妻のほうが早く回復する見込みがあった。妻の傷の治りは早いだろうし、優れた免疫系のおかげで感染症の可能性も低いはずだ。すべてを考え合わせると、妻の予後の見通しは私よりもよいと断言できた。

理由は、利用できるX染色体が妻の体には二本あり[10]、一方、私の体には一本しかないからだ。男女の染色体の基本的な違いをおさらいすると、遺伝的女性の細胞にはX染色体が二本ある。対して遺伝的男性ではX染色体が一本とY染色体が一本。[*] 生命にかかわるほどの外傷を負い、これに対処する場合、遺伝的女性には選択肢がある。だが、遺伝的男性にはない。

二本の性染色体は、私たちがこの世に生まれ出る以前に生物学上の両親から与えられるものである。妻の遺伝的優位性は、私たちが出会うずっと前からはじまっていた。母親の子宮でわずか二〇週目を迎えたころ、すでに妻は私よりも生存に有利な立場にいた——この優位性は、その後の生涯でどの時点をとっても変わらない。生活様式の変化や、職業上の危険や自殺などの行動リスク要因を加味したとしても、だ。人生にどのようなものが放りこまれようとも、最初から妻は私よりも長く生きる可能性が高い。

妻に軍配が上がるのは、寿命の問題だけではない。たとえば、妻も私ももっている臓器の発がんリスクは妻のほうが低い。よしんば、がんを発症したとしても、研究によれば男性よりも女性のほうが治療効果が高いそうなので妻に勝ち目がある。もちろん、女性は乳がんを発症するが、それでも、がんによる年間死亡者数は男性のほうが多い。

男性に比べると女性の免疫系は攻撃的で、侵入してくる病原体や悪性細胞とうまく闘う。ただ、女性はこのような免疫系に対して、免疫学的な意味あいで自己批判的な犠牲を払っているようだ。遺伝的女性の免疫系は、男性よりもはるかに自分自身を攻撃しやすく、[11] 全身性エリテマトーデスや多発性硬化症などの病気を引き起こす。したがって、私に分があるのはただひとつ、自己免疫状態になる可能性が低いことである。

＊ 大多数のヒトは二本の性染色体を受けつぐ。46,XX、46,XY と表記される。だが、なかには性染色体に変異が生じていることもある。45,XO、47,XXX、47,XXY、47,XYY など。

あの夜、病院に運び込まれた時点で妻の細胞がすでに分裂しはじめ、衝突事故によって体内に入ったであろう病原体に対処するために細胞の選抜がおこなわれていたことは、私にはわかっていた。妻の細胞は遺伝子のもつ集合知を利用して、体の組織の修復にも取りかかっていた。妻の体内では、免疫系の一部を担う白血球、あるいは皮膚をつくる上皮細胞で、女性に与えられた権利をしっかり行使して遺伝子を柔軟に選択していたはずだ。私の体はといえば、同じ遺伝子をもつ細胞だけでできているため、このような選択肢はなかった。

遺伝的女性の各細胞にはX染色体が二本あるが、どの細胞でも使えるのはどちらか一本だけだ。妻の細胞は、父親から受け取ったX染色体か、母親から受け取ったX染色体のいずれかを使う。私の細胞にはそんなぜいたくは無理だ。母親から受け取った、まったく同じX染色体を使うしかない。Y染色体のほうは、事故のあとではたいしたことはできず、なすすべもなくじっとしているだけだった。

異なるX染色体を利用できるということは、妻に遺伝的優位性がある大きな理由のひとつだ。病室にお見舞いのバルーンがあふれかえっていたころ、彼女の細胞は異なるX染色体を使って絶え間なく分裂を繰り返していた。事故の前こそ、母親からのX染色体を使う細胞と、父親からのX染色体を使う細胞とが半々だったが[12]、いまは必要とされる仕事に効果を発揮するX染色体のほうをもっぱら利用するようになっていた。

妻の白血球は、救急隊員が到着する前から、おもに一方のX染色体を使ってどんどん分裂していた。治癒という難題を乗り越えるには、どちらのＸ染色体を使うほうが効果的に仕事をこなせるのかをめぐり、おそらく妻の体内のあらゆる細胞で同様の競争が起こっていたはずだ。もし私の血液をのぞけたとしても、同じ類の展開を期待していたらがっかりすることになると思う。

二種類のＸ染色体を使えるおかげで、女性には遺伝子レベルの多様性がある。多様な遺伝情報を利用できるため、上位にくるのはいつも女性となる。ＮＩＣＵで助かるのは女児、感染症に打ち勝てるのは女性、あるいはＸ染色体に連鎖した知的障害のリスクが低いのは遺伝的女性、いずれにしてもすべて、ひとつの事実に行き着く。つまり、女性は男性には欠落している遺伝的柔軟性を有する。

私たちはみな同じ生物種であり、相違よりも共通点のほうが多いとはいえ、遺伝子レベルでは女性のほうに多くのものが与えられている。これには重要な理由がある。私たち人類はその理由に支えられて何百万年も生存し続けてきた。遺伝的な意味で強い性であることで女性は長生きをして、子を確実に生き残らせることができたのである——当然ながら、これは全人類の生存を意味する。

私の遺伝学研究や臨床での発見、実際に私が経験したこと、あるいは同僚の画期的な研究や、先駆的科学者による従来の学説に対立する知見などを考え合わせると、次のように理解するほかない。すなわち、女性のほうが強い性である。

本書では、私たちが一生を過ごす間に降りかかる重要な問題に踏み込み、種々の問題を遺伝的女性がどのように乗り越えているのか、とりわけ寿命、回復力、知的障害、耐久力に関しては男性を大きく引き離している様子とともに紹介する。また、医学はもちろんほぼすべての分野で、なぜこの事実が退けられてきたのかについても掘り下げるつもりだ。

私は医学生だったころ、薬の処方については女性患者のほうが副作用をあれこれ訴えてくるから心するようにと聞かされた。その理由は行動にあるとも教わった――男性に比べると女性はどんな問題にでもずけずけ意見し、一般的に医師の診察を受ける頻度が高いと説明された。

この話が単なる報告バイアスだとしても、相応の医療行為を求めるほどの深刻な副作用を、少なからぬ女性が経験するのはなぜだろうか。米国会計検査院の報告によると[13]、販売禁止になった医薬品一〇品目のうち八品目は、女性に対する危険な副作用が理由で回収されている。さらに、医師による治療目的での投薬が図らずも過剰投与になる事例は女性に多い。

アルコールなどの化学物質に対する感受性は女性のほうが高いことは医学的観点からとうにわかっているにもかかわらず、薬を処方する場合、今でもたいてい遺伝学的男性と女性はまったく同じ扱いをする。このような状況は変えなければならない。二〇年ほど前、全米科学アカデミー医学研究所が次のような報告をした。「男性であること、あるいは女性であることは考慮すべき、重要な基本変数である[14]」。では、考慮に入れてみよう。

産科、婦人科はさておき、私たちは誰でも現代医学のみごとな進歩の恩恵を受けているわけだが、そのほとんどは、もっぱら男性の治験参加者、雄の実験動物、男性（雄）の組織や細胞を使った研究から導かれたものだ。非臨床試験では雌の実験動物や女性（雌）の組織や細胞を使わないために実際の女性との間に隔たりが生じ、遺伝的女性患者に対する適切な用量や治療をめぐっては、たいていの医師は推測か、最悪の場合はまったくの当て推量をせざるを得なくなっている。

二〇年ほど前、私は自分で発見した抗生物質の殺菌能力を調べる研究を進めていた。このときのことをよく覚えている。基礎研究や臨床研究に女性を含めることに関して、私はいかに単純に考えていたか。私は見つけた薬剤のうちの一種類について効果をさらに確かめるため、独立した専門の会社に実験を依頼した。私の知見を裏付けるか、あるいは反証するか、いずれかの結果が出るはずだった。自分に代わって実験をしてもらうために、依頼用の研究計画を立てながら、マウスについては雄と雌を同じ数だけ使うものだと、私は頭から決めてかかっていた。

これが間違いだった。現場では雄マウスしか使っていなかった。調べてみると、この会社だけではなかった。どこも、状況はまったく同じだった。理由をたずねたところ、そのときは、雄のほうが扱いが楽だ（そして安い）と返ってきた。しばらくしてからわかったのだが、興味深いことに、免疫系は雌のマウスのほうがはるかに強い。しかも、この違いによって、男女の別なく感染症を治す目的の実験で、単純化できない結果が導かれる可能性がある。

私たちは長きにわたって、女性の身体能力を誤って解釈し、女性の遺伝的強さを軽んじてきた。本書では、私たちの理解、保健医療、研究文化をどのように変えていく必要があるのか、そのあらましを紹介する。いかに変わることができるか、そこに医学の将来と、生物種としてのヒトの生存がかかっていると私は考える。

第1章

生命の真実

本書は選択をめぐる話をまとめたものである。日々、自覚して何かを選ぶという話ではなく、ひとりの遺伝的女性の体内で絶え間なく起こっている生物学的な意味での選択である。このような選択現象は、母親の卵子が父親の精子を受け入れ、受精の過程が進んでいくところからはじまっている。

話を進める前に、確認しておいたほうがよい生物学の基本を少々。[1] ヒトの各細胞には全部で四六本の染色体がある。このうち二本は性染色体であり、この対がXXならば遺伝的女性、XYならば遺伝的男性となる。[*1]

染色体は百科事典の全集にたとえられる。二三対の染色体には遺伝子があり、その遺伝子には生命の営みを可能にする遺伝情報が書き込まれている。ヒトの場合、二三対の染色体に散らばっている遺伝子をすべて合わせると約二万個になると考えられている。染色体に含まれる遺伝子の数は染色体の種類によって多かったり少なかったりするが、どの染色体も重要であることに変わりはない。

二三対の染色体のうち大半の対は同じ遺伝子を共有しているが、遺伝的男性には例外があり、ひとつだけX染色体とY染色体の対を受け継いでいる。X染色体には約一〇〇〇個の遺伝子が含まれるのに対して、Y染色体には七〇個ほどしか含まれず、そのほとんどが精子の形成にかかわる。[*2] Y染色体に含まれている、とある遺伝子については、高齢男性の耳に生えるむだ毛、医学用語でいうところの「耳介多毛症」の原因であると長い間、考えられていた。最近の研究によれば、この見栄えを悪くする能力すらY染色体だけに起因するのではないといわれている。

人類は、妊娠中に起こっている過程を科学的に理解していなくても、性交なしに受胎できる進化の域に到達している。さらに胎児を操作する技術も習得しつつある。[2] かつてSFの世界で描かれていた、補助装置を使った生殖技術――妊娠などしようはずのない条件の実験室で、卵子を体外受精させる技術――がいまやふつうに使われている。それだけにとどまらない。三人の親の遺伝物質と細胞から子どもをつくることもできるし、自分自身のDNAを編集することもできる。

それはともかく、いわゆる「自然の」過程は決して単純ではない。五億個もの精子が卵子に向かって旅をしはじめ、驚くほどの速さで母親の生殖輪管を泳いでいく。子宮頸部を経て子宮を通り、最後は二本ある輪卵管の一方に入る。そして一個の卵子と出会う。卵子の外層から侵入してうまく内部まで分け入ることのできる精子は一個だけだ。その精子の運んでいる染色体がXかYかによって、その後たどる遺伝的な道のりが変わり、生物学的な運命が決定されることになる。がんの発症

＊1「はじめに」で触れたように、性染色体の遺伝にはいくつかのバリエーションがある。希少なものとしては、45,XO（ターナー症候群）、47,XXX（トリプルX症候群）、47,XXY（クラインフェルター症候群）、47,XYY（ヤコブ症候群）、48,XXXX（テトラソミーX）、49,XXXXX（ペンタソミーX）がある。

＊2 Y染色体で見つかっている遺伝子には、健康に影響を及ぼすものが多いことが近年の研究によって明らかにされつつある。遺伝的男性にとっては残念だが、その報告の大半はよい話ではない。Y染色体上の遺伝情報には、炎症の亢進、免疫系の防御適応反応の抑制、さらには冠動脈疾患のリスク増加のいずれにも関わっているものもある。

や、アルツハイマー病などの神経疾患といった生涯にわたるリスクから、ウイルス感染を撃退する能力まで、いっさいがまさにその瞬間、受け継いだ性染色体の対がXX（女性）かXY（男性）かによって決まる。

生物学的な性別は必ずしもジェンダーとは同じではない。[3] ジェンダーを決定するのは性染色体ではない。自分の感覚が男性性か女性性か、その中間か、あるいはそういった範疇を越えるのかによる。ジェンダーはその人の自己概念であり、自己認識であり、ときに社会で個人が引き受ける役割でもある。子どもの場合、ジェンダーは性染色体と外性器に基づいて出生時にあてがわれることが多い。これは、胎児の超音波画像や、母親の血液を利用した胎児の染色体検査などを利用すれば生まれる前からでも可能である。

自らのジェンダーを受け入れたり変えたりするのは本人次第で流動的だ。一生のうちのどこかで、すでに引き受けているジェンダーとうまくかみあわなくなることもあるかもしれない。だが、性染色体と、性染色体が私たちの生命に及ぼすとてつもない影響については選択の余地はない。一本のY染色体か、二本のX染色体か、そのほかの組み合わせか、自分では選べない。

ヒトの性分化の場合、発生の流れを変える遺伝子に変異が起こることがある。SRY遺伝子はY染色体にだけ存在し、性分化で重要な役割を果たす遺伝子である。胎児の体内ではSRY遺伝子が引き金となって、性的両能性をもつ生殖腺から精巣が形成され、精巣からはテストステロンが分泌される流れになる。SRY遺伝子によってはじまる細胞の発生はいくつもの段階を経て、男性外性器の発生につながっていく。ところが、X染色体とY染色体をもっているのに細胞がテストステロンに応答できないと、まれな事例ではあるが外観は女性だが精巣があり、子宮や輸卵管、子宮頸部のない体になる。まさにこのようにして起こる病態が完全型アンドロゲン不応症（CAIS）だ。CAISはアンドロゲン受容体遺伝子、*AR* 遺伝子に生じた変異による遺伝子疾患である。*AR* 遺伝子に変異のあるXYをもつ人の多くは、思春期になり初潮がこない段階で初めて自分がCAISだと知る。

めったにないが、X染色体を二本もって生まれた子が、遺伝的男性の発生経路に従って発育していく場合がある。[4] これは、二本のX染色体といっしょに、*SRY* 遺伝子をもつY染色体のほんの一部が受け継がれると起こる。次もまた珍しい症例だが、*SRY* 遺伝子も、Y染色体のかけらももたないのに、体の外側も内側も男性として発育する子どもがいる。私もかかわった研究で、きわめてまれな性分化の経路が発見されている。イーサンという名前のその少年は生物学的男性として生まれた。ただし、二本のX染色体をもち、*SRY* 遺伝子をはじめとする性の転換を引き起こす遺伝的要因はもっていなかった——性の転換は遺伝子レベルでは不可能と思われた。イーサンの場合は *SOX3* 遺伝子が重複していたために遺伝的にはXXの女性が、体は男性に変わったことを私たちは突き止めた。*SOX3* 遺伝子は *SRY* の祖先遺伝子と考えられている。どちらも性分化で重要な役割を果たす遺伝子だ。

ヒトの性分化は複雑だ。性分化の過程がどのように進んでいるのかは、なかなか見通せないが、そこを解明すべく現在も遺伝学者や発生生物学者が取り組んでいるところである。染色体による性と、それに基づく性差が生物学的に決まることだけはわかっている。女性の卵子には一本のX染色体しか含まれず、したがって子の生物学的性別は男性の精子によって決まる。精子がY染色体を運んでいるならば、たいていの場合は遺伝的少年が育っていく。少年の細胞はどれをとっても同じX染色体を使っている——母親から受け継いだものだ。もし、精子がX染色体を運んでいるならば、受精卵は、あらかじめ設定された遺伝経路に従って女性になる。

人類は歴史の大半を、子どもの性別が決定される仕組みなど知りもせずに過ごしてきた——少なくとも、どのように性が分化するのか、科学的根拠をもって証明する手段はなかった。かつては、さまざまな考え方があり、それぞれの文化で一目置かれた人物が神のお告げを伝えたり、複雑な太陰暦を用いて占ったりしていた。現在でもインドでは、確実に男児を産むために、古代のアーユルヴェーダ療法を信じている人がいる。私が聞いた話では、できることなら高潔な息子を身ごもりたいと願う信心深い女性には、交わりの最中にひたすら聖人を思い浮かべることが勧められるらしい。

昔から、男児を授かることに重きが置かれていたために（とくに、地位と財産が男性相続人にのみ継承される家父長制社会で）、人々はXYをもたらすものとあれば何でも試してみた。[5] 二〇〇〇年以上も前には、アリストテレスもこの問題に着目していた。男性相続人を確実にほしいと願う年長の男性パトロンから頼み込まれたようだ。アリストテレスは以前から動物の発生学的起源に大きな関心を寄せていて、胚を見つけると収集しては解剖していた。大きさや入手のしやすさから、とくに多かったのは家畜化された鳥――いわゆるニワトリ――だった。

アリストテレスは自分の知見を『動物発生論』にまとめ、紀元前四世紀の半ばに公刊した。[6] そのなかでアリストテレスは、現代の科学から見てもきわめて正確に、さまざまな生命のはじまりを書きとめている。ある種の動物は卵を産み（自身が解剖したニワトリなど）、胎盤をもつ哺乳類は子を世に送り出し、さらにサメのなかには母親の体内で卵からかえっているものもいることを、正しく解説している。アリストテレスは、胎盤と臍帯の役割を突き止めた最初の人物と考えられている。

雄と雌がどのように分化するのかという話についても、アリストテレスの理論はすべて古めかしいわけではない。アリストテレスは、性交中に男性の発する熱の量が子の性別を決定すると結論を出した。どの赤ん坊も分化して成長するにはエネルギー物質として一定量の熱が必要だと考えたのだ。父親が胚に与える熱が多ければおそらく男児が生まれる。熱が足りないと女児になる。そもそも当時、権力の座にあった男たちは、女性を半焼き状態の不完全な男性と考えていた。情熱によってかき立てられる炎が熱いほど、女性は男児を産むはずだとされた。

では、その瞬間に情熱が足りなかったり、高齢のためにそこまで興奮できなかったりして、それでも男性の相続人を望む場合はどうしたらよいのだろうか。アリストテレスの答えは簡単だった。暖かい時期に受胎するよう励むこと。一番よいのはもちろん夏だ。この手の話はいかさま療法として片づけてもよいところなのだが、じつは、子の性別の決定に「熱」が重要な役割を果たすと考えたアリストテレスは、このときおもしろいことに気づいていた。ただし、ヒトについてではない。アリゲーターやカメ、ある種のトカゲなど脊椎動物のなかには孵卵温度によって子の性別が決まるものがいる。クロコダイルの場合は温度が高いほど雄になる。ニュージーランドに固有のは虫類で、生きた化石といわれるムカシトカゲもそうだ。一方、ヨーロッパヌマガメやギリシャリクガメなど、卵を高温で温めると雌になる脊椎動物もたくさんいる。

男性を「焼けつく」ほど暑くするという考えはかなり長く残り、初期キリスト教教会でも受け入れられていた。信じがたいかもしれないが、現在においても、女性の体を温めると――受胎のときだけでなく、妊娠期間中ずっと――男児を産む確率が高くなると考える人がいる。

妊娠中の温度にまつわる話を信じている人がいると初めて聞かされたのは、アナという名の身重の患者からだった。アナにはすでに女の子が三人いて、パートナーもひとり息子だったので、彼女は第四子には男の子を望んでいた。

面談をしたときに、妊娠をうれしく思えないとアナから打ち明けられた。彼女はとてつもないプレッシャーを感じていた。温めたほうが男児が生まれやすいという話を夫の母親が信じきっていて、体の内部から体温を上げる効果のあるアーユルヴェーダの薬をわざわざ探してきたりするのだそうだ。

あいにく、この種の薬草療法には、天然由来のチンキ剤やハーブティーであっても妊娠とは相性のよくないものが多い。[7] 数か月後、はたせるかなアナは男の子を産んだ。赤ん坊には多発性先天異常があった。原因は、妊娠中に飲んでいたエリキシル剤〔訳注：アーユルヴェーダで使われる一種のハーブ製剤〕の催奇形作用によると思われた。

アリストテレスの時代から一〇〇〇年ほどが過ぎたころには、医学（大部分は男性が主導していた）も進歩し、種々の重要な現象について理解が深まっていた――一七世紀には英国の生理学者、ウィリアム・ハーヴィが血液循環を発見、一八世紀になるとエドワード・ジェンナーが天然痘のワクチンを発明、一九世紀の終わり近くにはヴィルヘルム・コンラート・レントゲンがエックス線を発見、エックス線撮影を可能にしてノーベル賞を受賞――が、性別を決定する仕組みについては科学的な合意は得られていなかった。じつは、男性、女性どちらについても遺伝学の歴史を振り返ると、書き残してきたのも、書き改めてきたのもほぼ男性だった。これが、医学的観点からの男女の扱い方に負の影響を及ぼしていると、私は考えている。

男女の起源や相違をめぐっては、狭い見方一辺倒だった時代を経て、二〇世紀に入るといよいよ性に関する染色体の知識をもとに具体的に理解されるようになってきた。端緒を開いたのは、女性科学者の草分け的な人物たちによる発見だった。そのひとりにネッティ・スティーブンスがいる。[8]

スティーブンスはゴミムシダマシの染色体を研究していたとき、それまでずっと研究者たちの目をくぐり抜けてきたものを発見した。ゴミムシダマシは雄、雌ともに染色体を二〇本（ヒトの場合は合計で四六本）もつのだが、雄の染色体は二〇本のうち一本が、ほかの染色体よりもかなり小さかった。スティーブンスが見つけたものこそY染色体だった。

一九〇五年、スティーブンスは大きな節目を刻むことになる論文を発表した。染色体による性の決定を考察する内容で、雌は対になった性染色体ＸＸをもち、雄はＸＹをもつことが初めて詳しく説明されていた。この違いによって性が分かれ、それぞれ独自の発生経路をたどることにスティーブンスは気づいたのだった。

私は学生時代、スティーブンスの話を知らなかった。現在、性染色体が何たるかを理解できるのは、別の人物のおかげだと教えられていたからだ。エドマンド・ビーチャー・ウィルソン。スティーブンスと同時代の遺伝学の大家で、性染色体による性の決定の仕組みを最初に考え出した研究者としてもてはやされていた。私が使っていた教科書には一行も書かれていなかったが、スティーブンスが論文を出す前に、ビーチャーは彼女の研究結果を手に入れていた。それだけでなく、ビーチャーの論文は一九〇五年八月に駆けこむようにして『ジャーナル・オブ・エクスペリメンタル・ズーオロジー』誌で発表された。これは、偶然にもビーチャー本人が編集委員を務めていた雑誌だった。

もうひとり、どうも正当には評価されていない女性科学者がいる。[9] 英国の遺伝学者、メアリー・F・ライアン。ライアンの研究は重要で、本書でも注目するところである。一九六一年、ライアンが『ネイチャー』誌で発表した論文は、遺伝学の世界を揺さぶった。たった一ページで、彼女は遺伝学の理解を永遠に変えてしまった。ライアンの仮説と知見が意味するところは現在もなお研究され続けている。ライアンがマウスの毛の色を使って進めた研究は、男性と女性が遺伝的に異なる仕組みを理解するための基礎をかためた。ライアンが提唱した「X染色体の不活性化」は次のように説明される。すなわち、雌の細胞にある二本のX染色体のうち一本に、発生の初期の段階で「ランダムに」不活性化が起こり、沈黙する現象である——母親が妊娠に気づくよりも前の話だ。

この洞察に満ちた論文をライアンが発表してから五〇年が過ぎているが、今なおX染色体の不活性化つまり遺伝子の発現抑制に関する全過程は解明されていない。これには驚くほかない。生命がはじまったばかりの段階で、一個の細胞はどのようにして二本のX染色体から一本を選んでいるのだろうか。何か競争があるのだろうか。XYをもつ遺伝的男性では、X染色体の不活性化はどのような仕組みで抑えられているのだろう?

解明が遅れている一因は、この謎の過程がまったく見えないところで進行していることにある。X染色体の不活性化は、卵子が子宮に着床して発生をはじめ、細胞が二〇個ほどになった時点で起こると考えられている。この謎を解く方法がひとつあるとすれば、それはヒトの生体内での胚の研究だ。ただし、これには倫理的な問題が伴う。

妊娠のきわめて初期の段階で、最終的に胎児になる細胞のグループには、すでにXXあるいはXY、いずれかの染色体性別がある。さらに、XXをもつ女性の各細胞でだけX染色体の不活性化がはじまる。女性の細胞はX染色体の不活性化のいっさいを子宮内で実施するわけだが、これを科学の目でのぞき見ることはできない。したがってヒトの細胞におけるX染色体の不活性化については、まだまだわからないことだらけだ。

ヒトの細胞がX不活性化特異的転写物（*XIST*）と呼ばれるRNA遺伝子を用いているところまでは明らかにされている。*XIST*はX染色体に存在し、じきに不活性化されることになるX染色体を端から端まで覆う足場をつくる。発生の初期の間はどちらのX染色体も不活性化されていない。しかも、どちらも*XIST*を発現している。ところが、いつの間にか一方にだけ不活性化が起こっているのである。雄性細胞は、通常はX染色体を一本しかもたないので、X染色体の不活性化は起こらない。

どちらのX染色体が不活性化されるのだろう。たいていの場合、優れたほうが*XIST*の作用をうまくくぐり抜け、活性を維持する。たとえば、私が診ていた女性患者の場合、彼女たちにはX染色体の損傷に由来する染色体異常があり、細胞内では損傷したX染色体のほうがかならず選択的に不活性化されて働きを止められていた。つまり損傷したX染色体が、*XIST*を足場として小さく折りたたまれて凝縮し、バー小体と呼ばれる構造体となって不活性化する。[*] かくして女性の各細胞には活性化X染色体が一本と、バー小体となった不活性化X染色体が一本存在することになる。

総合格闘技（MMA）で勝負がついたときのように、各細胞にX染色体は一本しか残っていない。不活性化をかけた対戦では、それぞれのX染色体の力が同等ならば、不活性化はランダムに生じると考えられている——コイントスみたいなものだ。この過程を経て不活性化したX染色体、つまりバー小体については、女性の細胞は利用できない。と、考えられていた。

X染色体の不活性化に関する論文をライアンが発表してから五〇年ほどの間[11]、女性の細胞の遺伝機構ではバー小体（思い出してください、不活性化したX染色体のこと）を「開いて」利用することはできないと思い込まれていた。しかし現在では、ライアンが一〇〇パーセント正しいわけではなかったことが判明している。不活性化したX染色体は完全に働きを止められてはいなかった。それどころか、女性は数十兆個ある細胞のすべてで二本のX染色体を使っていた——X染色体は不活性化してもなお細胞の生存にあずかっている。じつは、「沈黙した」不活性なX染色体上にある遺伝子のおよそ四分の一がなおも活性を有していて、女性の細胞はこれらを利用できるのである。このような現象を「X染色体不活性化の回避」と呼んでいる。

次章からは次のような話をしていく。X染色体をもう一本もっているおかげで、各細胞には一段とパワーアップした遺伝子の力が与えられ、その結果、女性は男性よりも利するところが大きくなる。つまり、あなたが女性で、各細胞に二本のX染色体を受け継いでいるとすると、地球上にいる三五億人の遺伝的女性と同じく、あなたの細胞には選択肢がある。生きていくなかで厳しい状況に見舞われても、もうひとつの選択肢が救いの手を差しのべてくれるわけだ。

先に述べたように染色体の百科事典では一巻が一本の染色体に相当する。各染色体には遺伝子の

＊女性の不活性化したX染色体であるバー小体では、両末端にある小さな領域、偽常染色体領域1、2がなお活性を示していることしか、最近まではわかっていなかった。このような遺伝領域は、残りのX染色体に比べるととても小さい——三〇〇ほどの遺伝子しか含んでおらず、遺伝物質全体からするとほんのわずかだ。

指令が書かれていて、私たちはことあるごとにここから情報を引き出して生命活動を営んでいる。今、口に入れたピスタチオのジェラートに含まれている脂肪を分解するために、もう少し膵リパーゼが必要ですと？　お安いご用。一〇番染色体にある*PNLIP*遺伝子の指令に従って膵臓の細胞がリパーゼをどんどんつくってくれますよ。ジェラートには乳糖も含まれるけれど？　こちらもだいじょうぶ。腸の内側を覆う細胞が、二番染色体にある*LCT*遺伝子の指令によってラクターゼ（牛乳に含まれる糖である乳糖を分解する酵素）をたっぷりつくってくれるので、お腹の張りも気にならないでしょう。

では、生命というゲームにおいてとりわけX染色体が重要となるのはなぜなのだろうか。もちろん、X染色体がなければ、そもそもヒトの生命が存在し得ない。X染色体が最低でも一本はないと、誰ひとりとしてこの世に生まれ出ることはない。X染色体は生命の誕生を可能にしているわけだがそれ以外にも、脳をつくりあげて維持するための基盤や、免疫系をつくるための基盤を与えている。X染色体の巻には、人体の発生や、人体に備わっている重要な諸機能をうまく取り仕切る遺伝の指令がびっちり書かれている。

地球上で、染色体を利用して性を決定する生物はヒトだけではない。私がミツバチの研究をはじめたのは二〇年ほど前のことだった。当初、関心を抱いたのはとても単純な疑問からだった。病気にかかったミツバチにはどんな変化が起こっているのだろうか。
ミツバチは巣から遠く離れた場所まで四六時中出かけては、たくさんの花から花粉や花蜜を集めてくる。その道中でミツバチはさまざまな微生物にさらされる。

ヒトなどの脊椎動物とは異なりミツバチは、微生物が体に入っても抗体タンパク質をつくって撃退したりはしない。そのかわりに化学兵器を身につけている。たとえていうと、注文対応する個人向け薬局みたいなもので、ミツバチは微生物に感染すると自ら発注して抗菌物質をつくり治療にあてる（この種の抗菌物質のなかにはアピデシンなど、私たちが口にする蜂蜜に混ざっているものもある）。私はミツバチ研究の最終目標を、ミツバチの抗菌物質がヒトの細菌感染治療に使えるかどうかを突き止めることに定めた。

その一方で遺伝学者としての私は、ミツバチの生殖と遺伝にもひかれるものがあった。[12] XとXYに似たような性決定の仕組みをもつ動物は鳥類をはじめとしてたくさんいるが、ミツバチはこれらとは違い独特の仕組みで性決定をしている。このことを思い出したのは、ある日、巣箱を開け、せっせと卵を産んでいる女王バチを目にしたときだった――じつに驚異的な勢いで産卵していた。女王バチは一日におよそ一五〇〇個の卵を産む。

子どもの性別を決めるためにあの手この手を画策した、アリストテレスのパトロンとは違い、女王バチは性を選択する術をとうの昔に習得していた。女王バチは、自分の産む卵が雌の働きバチになるのか、雄バチになるのか、まさに女王にふさわしく自ら決定できる。

その仕組みは、こんなふうになっている。女王バチが産む卵には一六本の染色体が含まれている。女王がとくに何もしなければ、その卵は雄バチになる。* 雌の働きバチを望むときは、女王バチは体内に貯蔵していた精子を数滴、卵に与える。そこから一個の精子が卵と混ざり、つまり受精する。受精した精子によって一六本の染色体が卵に加わるので、受精卵は合計で三二本の染色体をもつことになる。これが、雌の働きバチをつくるために必要な染色体の数である。ヒトでは女性はX染色体を一本余分にもっていたが、ミツバチの場合、雌には自由に使える遺伝的選択肢がヒトよりもさらに多い。一六本の染色体がそれぞれ余分にあるおかげで、ミツバチの雌は雄よりも遺伝的な選択の余地がある。

ここで少し考えてみよう。ヒトでは女性はX染色体だけが、男性よりも一本多い。ミツバチの場合、雌は染色体ひとセットを丸ごと余分にもつ。雌の働きバチに託される仕事を考えると、遺伝材料をこれほど余分に取りそろえているのも何ら不思議ではない。たとえば、巣をできるだけ無菌状態に保つために、雌の働きバチは膨大な時間とエネルギーを費やす。また、雌の働きバチは守衛係としても働く。捕食者から襲われそうになると、自らの命を危険にさらして巣の入口を守る。

さらに群れが生き延びるための栄養源を見つける仕事も、雌の働きバチにゆだねられている。そして、花蜜をみごと蜂蜜に変えるにあたっては、雌の働きバチは何日も集中してまさに奮闘する。まず最初に、花蜜に酵素を加えて分解する。さらにこれを蜂蜜に変えるために、一分間に一万一四〇〇回の速さで羽ばたきをする。独特の羽ばたきは、液状の花蜜を乾燥させて最終的に蜂蜜に仕上げるためには欠かせない。これだけ科学が進歩した今日においても、人間は同じ工程を再現する方法をまだ手にしていない。

雌のミツバチは掃除係、守衛係を経て、やがて花粉や花蜜を探しに巣をあとにする。蜂蜜を一ポンド（約四五四グラム）つくるために、およそ二〇〇万回花を訪れる。総飛行距離は五万五〇〇〇マイル（約九万キロメートル）。もちろん、こうして花粉や花蜜を集めている間、雌のミツバチは捕食者を避けながら、同時に果実、野菜、種子などの作物の授粉もする。米国に限っていえば作物の授粉の八〇パーセントをまかなっている。まだまだある。雌のミツバチは複雑なダンスをして仲間の働きバチと情報を交換し、どこに飛べば美味しい食べ物にありつけるのかを教える。また雌のミツバチは昆虫界の優れた数学者としても知られている。[13] オーストラリアとフランスの研究者が雌のミツバチに、加減算のような計算の仕方を教えるのに成功している。かつては、計算をするには複雑な認知過程を実施する知的能力が必要なので昆虫には無理だと考えられていた。ところが、雌のミツバチはやってのけた。

では、雄バチにできることには何が残っているだろう。答えは簡単だ……何もない。

雄バチは巣を維持するわけでなく、食べ物をつくるわけでもない。雌の働きバチによって生かさ

＊繁殖期となる夏のなかごろ、健康な巣には五万から七万五〇〇〇匹のミツバチがいる。そのうちおよそ一から一五パーセントが雄。

れ、世話をしてもらう。雄バチは巣を守ることすらできない。ただし、雌がもっている針の代わりに陰茎のような構造体をもっていて、これが唯一、交尾のときだけ役に立つ。

雌をつくる精子には、女王バチが飛行中に交尾した別の巣の雄バチのものが混ざっている。女王バチは生涯で一度だけ、処女の間に結婚飛行をして、たくさんの雄と交尾をする。そして貯精嚢という専用の器官に精子を貯蔵する。女王バチは精子を生きたまま自分の体内に貯めておき、数年間にわたって雌をつくりたいときにだけこれを使う。

したがって当然というほかないが、巣にいる雄バチの大部分は冬がくる直前に追い出される。きたるべき厳しい季節に雄の世話をしたい雌の働きバチはいない。追い出された雄の大半は巣の外では長く生きられず、飢えるか厳しい環境にさらされるか、あるいは捕食されて終わりを迎える。

忙しく働き、複雑な一生を送る雌のミツバチにとって遺伝的選択肢が不可欠な理由はすぐに理解できる。雌のミツバチは、性別による分業がはっきりしているあの世界では誰もが認める覇者なのである。

ヒトの世界に戻ると、女性はX染色体が余分にあるおかげで、遺伝子レベルの多様性という利点を手に入れ、生命に降りかかる難題にうまく対処できる。女性はいわば生物版、究極の問題解決屋みたいなものだ——遺伝子工具セットの中に、各種解決策を取りそろえている。各X染色体に遺伝子が約一〇〇〇個あるとすると、女性の細胞は一〇〇〇個の遺伝子それぞれの異なるコピーを使える。

たいていの場合、もう一本のX染色体にある遺伝子はそっくりそのままの代替品ではなく、各遺伝子がまったく違っている。こんな風に考えてみよう。いま、古いねじ回しが必要になったとする。ならば、男性を訪ねて、彼の遺伝子工具セットから目的のねじ回しを借りればよい。ところが、同時に二種類のねじ回し――プラスとマイナス――が必要になった場合は女性に頼んだほうがよい。彼女は二種類とももっているからだ。

女性は遺伝的には優位なはずなのに[14]、生まれる子どもの性別は毎年、男児のほうが多い。一見したところたいした差ではなさそうだが、これが注目に値する。米国では出生数は女児一〇〇人に対して男児一〇五人であり、この数字は世界各国でほぼ変わらない。これぞ男性が強い性別である証左と考える人もいるかもしれないが、その理由は、女性のほうが体をつくるのが難しいため、産まれる数が少なくなることにある。

メアリー・ライアンが発見したように、最終的に女性の胚になる細胞はひとつ残らず、発生の初期にX染色体の一方を途中でいったん中断させたり、しっかりしまいこんだりする多重的な過程を経なければならない。この作業は、遺伝学者の知る限り、発生期におこなわれている数々の仕事のなかでもひときわ巧みだ。そして、そのおかげで女性の細胞は二本の染色体のいずれかを選ぶことができる。

つまり、地下一〇〇マイル（約一六〇キロメートル）でダイヤモンドができるには、膨大な量の圧力とエネルギーが必要なのと同じで、女性もおいそれとはつくれない（まさにこの理由で、ダイヤモンドと同じく女性も壊れにくい。回復力とスタミナについてはのちほど説明する）。

X染色体の「不活性化」が予定どおりにうまくいかなかった場合は、どうなるのだろうか。ヒト以外の哺乳類の研究によれば、遺伝的雌の初期の全細胞でX染色体が適切に不活性化されずバー小体に変わらないと、残念ながら妊娠は終わる。すべての細胞でX染色体が二本とも完全に活性化している状態で産まれたヒトはいまだかつていない。X染色体がたまたまどちらも不活性化されてしまっても、妊娠は続かなくなる。こういった理由により、妊娠の初期段階で失われる胚は女性のほうが多くなる。X染色体の不活性化で生じる問題は、たいてい本人が妊娠に気づく前に起こる。

男性の胚をつくる細胞は、もっとずっと単純にできている。男性の細胞はどれひとつとして、X染色体を不活性化させてバー小体に変える必要はない。これが、男性のほうがつくりやすい理由だ。そもそも男性はX染色体を一本しかもっていないのである。

では、これで女性の遺伝的優位性の話は終わり、と思われる読者もいるかもしれない。ところが、じつはここからがはじまりとなる。たしかに女性は各細胞内に遺伝子レベルの選択肢があり選ぶことができるが、それだけでなく、その多様な遺伝情報を細胞間で協調したり共有したりする能力ももっている。このような細胞の協力作業は数十兆個ある女性の全細胞でいっせいに起こる。そうして、遺伝子の知恵を持ち寄って障害物に立ち向かう。

女性の細胞に見られるこのような優れた協力作業が、女性に特有の回復力を支える、いわば肥沃な土壌をつくりだしている。

＊希少な青色のダイヤモンドはさらに深い、地下約四〇〇マイル（約六四〇キロメートル）あたりでできると考えられている。

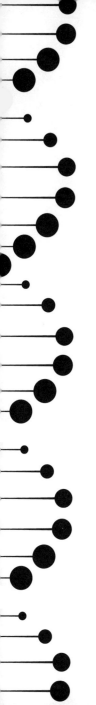

第2章

回復力

女性が壊れにくい理由

バリー・J・マーシャル博士は行き詰まっていた。[1] マーシャル博士が病理学者のロビン・ウォレン博士といっしょに、消化性潰瘍*や、さらには胃がんの病因は微生物にあるとする説を展開してから数年がたっていたのだが、ひとつだけ困ったことがあった。ふたりの説を支持する人が皆無に近かったのだ。一九八〇年代初めの医学界の面々は、自分たちのほうがよくわかっていると頑としていた。文化の陥没地帯とすらいわれる西オーストラリアからやってきた誰ともしれぬ新参者が、しかもしっかりした研究経歴も論文実績もないのに、いったい何様だと思っているんだ？

ウォレンとマーシャルは一九八一年から共同研究をはじめた。そのころまでは、胃炎と消化性潰瘍の原因は、辛い食品などの不適切な食事や、過度のストレスにあると考えられていた。医療の専門家の間ではこの説がすっかり定着し、おおむね誰からも疑問は呈されていなかった。当時とられていた一般的な処置は、胃酸の産生を抑える薬の一種であるヒスタミンH_2受容体拮抗薬の投与だった。潰瘍の原因は胃酸の過剰産生につながる行動にあると考えられていたのだから、合理的だ。外科医も「胃酸過多」説を疑うことなくこの判断に従い、無理なく生活できるように胃や腸上部の一部を切除していた。そして、どうしたわけだか患者のほとんどが男性だった。

ただ、潰瘍を患った患者の生検組織を病理用顕微鏡でのぞき込むたびにウォレンの目には、教わった内容とはまったく違うものが映っていた。[2]「私は自分の目を信じたかった。医学の教科書でもなく、医師会でもなく」とウォレンは著書『ヘリコバクターの先駆者たち』に書いている。ウォレンが調べたところでは、ねじに似た形の微生物、ピロリ菌（学名ヘリコバクター・ピロリ *Helicobacter pylori*）が消化性潰瘍と胃がんの本当の原因と思われた。ちなみに彼が見ていた検体は、ほぼ例外なく男性患者のものだった。当時の正統派医学教育では、胃は酸性が強すぎるため、細菌は生存も増殖もできないと教えられていた。したがって、医学の分野でウォレンの発見を真剣に受け止めてもらえる可能性は限りなく小さかった。ウォレンによれば「じつは、私のしていることを信じてくれる医師がひとりだけいた……妻のウィン。彼女は精神科医であり、私の背中を押してもくれた」。

ウォレンとマーシャルは顕微鏡をのぞき込んでは、自分たちの思い違いではないと確信を深めていった。間違いなく、この微生物は酸性環境下で何の支障もなく生きていた――それどころか大繁殖すらしていた。この細菌によって胃の内壁は炎症を起こし、次第にえぐれてびらんをきたすことを、ふたりは突き止めた。

とすれば、消化性潰瘍はストレスとも食事とも何の関係もない。しなければならないのは病原体の処理だ。微生物を殺して、病気を根治する。

＊現在、消化性潰瘍疾患（ＰＵＤ）という場合は、消化管の内側の粘膜に生じるびらんや傷を指す。ただし、ＰＵＤのびらんというだけでは詳細がわからないので、びらんが胃で見つかった場合は胃潰瘍、小腸の上部で見つかった場合は十二指腸潰瘍という。

マーシャルは二〇一〇年のインタビューでこんなことを語っている。[3]「私の発見は、三〇億ドル規模の産業を根底からひっくり返しかねませんよ」。指していたのは、もちろん製薬産業。この発言は真実をついていた。というのも当時、製薬会社は、消化性潰瘍の原因を喫煙、飲酒、種々のストレス、辛い食品に求める説明を口実に大もうけをしているまっただなかだった。胃酸の産生を抑え、消化性潰瘍の痛みを和らげる薬を新規開発して売り込んでいる連中にウォレンたちが行く手を阻まれる事態は想像に難くない。この手の薬は真に患者を救っているわけではなく、ただ症状を緩和しているだけだというのに。

では、誰にも相手にされない状況が続いていよいよ気持ちが萎《な》えてきたとき、若手の医師ならばどう動くだろう。正統を気取る医学界と製薬業界がこぞって、あなたの説を公の目から隠そうとしたら、あなたならばどうするか。マーシャル博士は、患者から取り出した微生物、ピロリ菌をたっぷり培養した泡だった茶色い液体を飲み干した。もちろん、発病することを期待して。

望みは叶《かな》った。最初こそ胃にかすかな違和感を覚える程度だったが、五日もすると嘔吐し、一〇日を過ぎるころには胃は炎症を起こしていた。ピロリ菌が定着したようだ。ピロリ菌が感染した体は炎症と胃炎に見舞われ、いよいよ本格的な潰瘍の症状が現れる寸前まできた。ここで、妻のエイドリアンに、そろそろ抗生物質で治療して欲しいと申しわたされた。

抗生物質を投与するとピロリ菌は胃から一掃され、マーシャルはすっかり回復した。こうしてマーシャルの説は実験によっても支持されたというのに、当時の臨床医の多くはまだ疑いの目を向けていた。そこからさらに一〇年かかってようやく臨床医が真剣に受け止めはじめ、マーシャルの説が支持されるようになった。マーシャルとウォレンは自分たちの説を世界に認めさせ、二〇〇五年にはその革新的な発見に対してノーベル医学・生理学賞が授与された。

マーシャル博士は妻のエイドリアンにはピロリ菌を感染させなかった。これが博士に運をもたらした。もし、エイドリアンが実験ボランティアを買って出ていたら、今なお世界中で数え切れないほどの人がむだに苦しんでいるかもしれない。マーシャルのノーベル賞もなかっただろう。もし、エイドリアンが――ついでにいえば、どの遺伝的女性にしても――代わりに培養液を飲んでいたら、実験は失敗に終わっていたはずだ。

消化性潰瘍になる男性は女性の四倍にのぼることは昔からわかっていた。[4]だが、その理由は謎だった。現在は、ウイルスや細菌などの微生物を撃退するしかるべき能力を、男性は女性ほどもちあわせていないためだと考えられている。[5]遺伝的女性に比べると男性は、微生物に対して活発な免疫応答をできないうえに、その結果として、胃炎、消化性潰瘍、さらに胃がんも発症しやすい。

最近の研究によると、ピロリ菌に感染した男女間の応答の違いには、エストロゲンなどのホルモンの影響があることが示唆されている。実際、マウスの雄にエストロゲンの一種であるエストラジオールを与えたところ、ピロリ菌によって胃に生じる損傷の重症度が低くなった。ヒトでは胃腺腫(いわゆる胃がん)の細胞株を、たとえばエストラジオールで処理すると増殖が阻害される。[6]したがって、ピロリ菌に感染した場合、男性のほうががんを発症しやすい理由はピロリ菌の存在だけではなさそうだ。感染によって受けたストレスに対して、遺伝的女性は男性よりも粘り強く対処して回復しているのだ。

私たちの体に含まれるエストロゲンやテストステロンといった性ホルモンの濃度の違いは、受け継いだ染色体の指示を受けて決まる。その性ホルモンを産生する生殖腺である精巣や卵巣、どちらを形成するのかはもっている性染色体次第だ。もし、あなたがY染色体を受け継いでいて、生殖腺が精巣ならば、あなたの体にはエストロゲンよりもテストステロンのほうが多く含まれる。Y染色体がないのであれば、エストロゲンのほうが多くなる。女性の回復力の一因は性ホルモンに求められる場合もあるし、そのほかにも、二本の染色体から選べるがゆえに女性の染色体に備わる多様性や協力作用、もちろんそれに続く優位性と関連している場合もある。

回復力――生命に及ぶ試練をしたたかに乗り越える力――に関していえば、女性は遺伝子レベルの選択肢のおかげで、数ある困難のなかでも最大級のものにも立ち向かえる。つまり、バリー・マーシャルとロビン・ウォレンが発見した消化性潰瘍を起こすような病原体に体をむしばまれることもない。

私たちのまわりには膨大な数の微生物がいて、与《くみ》しやすい相手をいつも探しまわっている。こういった微生物の存在ゆえに、高次に進化を遂げた生物――カシの木、フレンチブルドッグ、現生人類など――にはある種の免疫防御システムが備わっている。ヒトの場合、皮膚や、消化液に含まれる抗菌性酵素が厳重な障壁となって、病原体が侵入して定着する機会を減らしている。では、こういった障壁が用をなさない場合はどうなるのだろうか。

ここで出番となるのが、免疫系だ。免疫系は、よからぬ病原体やがん細胞だけでなく回虫などの寄生虫にも対応できるよう進化した。免疫系は心臓や脳のような個別の器官ではなく、これがとても都合がよい。というのも、免疫系は時間も場所も問わず活動を要請されるからだ――いつでも、どこでも、何かあればすぐに駆けつけられる。

男女の総合的な違いや、さまざまな微生物感染と闘う能力差については、臨床で見ていると顕著に現れる。黄色ブドウ球菌（学名スタフィロコッカス・アウレウス *Staphylococcus aureus*）にしろ、梅毒を起こす梅毒トレポネーマ（学名トレポネーマ・パリダム *Treponema pallidum*）にしろ、あるいはビブリオ・バルニフィカス感染症を起こすバルニフィカス菌（学名ビブリオ・バルニフィカス *Vibrio vulnificus*）にしろ、[7]こういった感染性の微生物とは、女性のほうがたいていうまく闘う。

強力な免疫系が備わっていない人に、ピロリ菌や、場合によってはもっと恐ろしい病原体が感染したらひとたまりもない。もちろん女性のほうがうまく撃退できる相手は細菌だけではない。ウイルスも、だ。

耳をつんざくような音を立てて雨が降っていた。ターン・ナム・ジャイ孤児院にいた私は窓から外を見ていた。水がどんどん溜まってきていた。やがて通りがすっかり水であふれ、孤児院の子どもたちはまわりから孤立した。

こんな事態を招いた原因は、かつては東洋のベネチアと呼ばれていたバンコクの運河を埋め立ててしまったことにある。それまでは、運河をうまく利用して人や動物や品物を運んでいた。そして今、一九九七年の雨期のまっただなか、今日みたいな日が続くとまるで昔に戻ったかのように街に水があふれだし、脇道は再び水の下になってしまう。

水位が上がってくるにつれて、昔の栄華に思いを馳せる余裕など私にはなくなっていた。孤児院では一〇人ほどの面倒をみていて、なかにはＨＩＶ陽性の子どももいた。ＨＩＶは進化を経て免疫系を破壊するようになったウイルスである。ＨＩＶによって免疫系が大きな損傷を被った患者にはできる限りの医療支援が求められる。

洪水のもたらす問題は水だけではなく、水が運んでくるものにもある。通りを見ていると流れる水に小さな板が浮かび、その上をネズミが一匹、落ち着きなくぐるぐる回っていた。たった今、孤児院の前にできたばかりの川には下水道が混ざっていることがわかる。ターン・ナム・ジャイ孤児院にいたＨＩＶ陽性の六人にとって、通常よりも多くの微生物を含む水にさらされる状況はきわめて危険だった。ＨＩＶはわざわざ免疫細胞に感染して殺しにかかってくる。ほんの少し皮膚から微生物が入り込んだだけでも、ＨＩＶ患者には死に至る恐れがある。

近所の人がひとり、嫌な顔ひとつせずゴムボートをこいで、水浸しの道路を行き来していた。水が上がってきて家に閉じ込められてしまった人たちを助けていたのだ。この住人のように、私がタイで滞在中に出会った人たちはみなとてもよく気がつき、自ら進んで行動をしていた。加えてサヌークと呼ばれる意識を重んじる人もたくさんいた。サヌークとは、ざっくりいうと「楽しみ」という意味だ――サヌークがなければ、やる価値がない。これは、たとえば道路や家が冠水したときのように、最悪の場面でうまく対処する気の持ちようでもある。私はこの年の夏、サヌークの精神に直に触れてたくさんのことを学んだ。タイの人たちがサヌークの精神で厳しい状況をくぐり抜けていく様子を、自分の目で見ることができた。病気の子どもの世話もそのひとつだった。

　孤児院は築七五年、チーク材造りの建物で、改築してまだ間もなかった。青々とした庭が広がり、池もあった。ひっきりなしに聞こえてくる鳥のにぎやかな鳴き声に、慌ただしい街のまんなかで暮らしていることを忘れたりもした。その壁の内側で寝起きしている子どもたちは、タイの市民に深刻な被害をもたらしつつあった感染症の流行拡大による幼い犠牲者だった。

　ターン・ナム・ジャイ孤児院の子どもは全員、ＨＩＶ陽性の母親から生まれていた。一九九〇年代の半ばごろはまだ、母体から感染する子どもがたくさんいた。当時、合併症を伴わない妊娠でのＨＩＶの感染伝播は約五〇パーセントだった。この数字は同孤児院の子どもにも表れている（近ごろタイ政府は、ＨＩＶ母子感染の撲滅達成という大きな前進を遂げた[8]。アジア諸国で初めてのＨＩＶ母子感染撲滅だ）。

　ターン・ナム・ジャイ孤児院はＨＩＶ陽性の子どもを療養し、同時にＨＩＶ陰性の子どもについても養子縁組をするまで養護することを目的に設立された。当時はＨＩＶの検査はまだ抗体に基づいていたので、感染しているかどうかを確定するには最低でも六か月待たなければならなかった。これだけ時間をあければ通常は、新生児の血液から母親の抗体はなくなる。抗体とは、B細胞と呼ばれる、免疫系を担う特別な細胞がつくるタンパク質である。

幼い遺伝的男児が女児と比べていかに脆弱かを、私が実際に目にしたのがターン・ナム・ジャイ孤児院だった。子どもの世話をした経験のある人なら、子どもがよく病気になることは知っていると思う。これがＨＩＶ陽性の子どもとなると、なおのこと病気にかかりやすい。

印象深かったのは、孤児院で各種の感染症が広がるときの状況だ。たいていの場合、発症するのも重症化するのも、ＨＩＶ陽性の女児よりもＨＩＶ陽性男児のほうだった。ときにはＨＩＶ感染の有無にかかわらず、女児よりも男児のほうが早く発病することもあった。

私がヌーとヨン－ユーに出会ったのは、タイにきてまだそれほどたっていないころだった。二人は正反対の性格だったが、四六時中いっしょに走り回って遊んでいた。ヌーは静かで慎重だった。彼女は、タイ語で「ネズミ」を意味するあだ名で呼ばれていた。ヨン－ユーのほうはいつも大きな声で歌を歌い、なんだか見つけてきてはヌーを困らせていた。彼のあだ名はタイ語で「強い戦士」を意味していた。ヨン－ユーはどの子どもよりも病気になりやすかったからだ。

ヨン－ユーが、いつもいっしょにいる遊び相手よりもはるかに感染しやすいことは私にもすぐにわかった。ただ、ふたりとも同じヒト免疫不全ウイルスに感染していることを考えると、どうも解せなかった。孤児院では新手の病原体が広がるたびに、男の子の様子をよく見ておくようにとベテランの職員がいち早く注意を促していた。その一五年後に私は同じ話をＮＩＣＵでレベッカから聞くことになる。

男児のほうがずっと弱そうに見えるのはなぜなのか、当時の私にはわからなかった。それから何年もたってようやく、同じＨＩＶに感染していても男児よりもヌーのほうがまだ何とかこの病気に耐えているように見えた理由が判明した。

現在、複数の抗ウイルス剤を組み合わせたカクテル療法、いわゆるＨＡＡＲＴ*を同じように適用しても、ＨＩＶ陽性の女性と男性とでは結果は概して異なることが知られている。[9] ＨＡＡＲＴに含まれる抗ウイルス剤は、ＨＩＶの複製を妨げることによってウイルスの増殖を抑え、ウイルスが体中に広がるのを防ぐ。ＨＩＶはＣＤ４陽性リンパ球などの免疫細胞をわざわざ選んで感染して殺すため、体内を循環するウイルスの数の減少は免疫系の回復につながる。ＣＤ４陽性リンパ球などの免疫細胞が増えれば、ほかの病原体による日和見感染を撃退できる。したがって、免疫細胞を増やすことはとても重要なのである。

ところが、ＨＡＡＲＴを開始してわずか一年で、かなりの数の男性が結核や肺炎を発症していた。[10] なぜだ。かつて男性と消化性潰瘍について誤った筋道で考えていたときと同じく、ＨＩＶ感染の治

＊ 高活性抗レトロウイルス剤療法（ＨＡＡＲＴ）はＨＩＶ患者に用いられる、複数の薬を併用した治療法。ＨＡＡＲＴがＨＩＶ感染そのものを根治するわけではないが、この療法を早期に適用するとおおむね平均余命が伸びる。

療と経過に見られる男女の差異の一因は行動にあると私たちは思い込んでいた。ＨＡＡＲＴ投与の効果が女性ほど芳しくないのは、男性は薬をきちんと服用しないからだというのがおおかたの見解だった。だが現在では、ＨＩＶ感染に対する体の反応には、性染色体が大きな役割を果たしていることが明らかになっている。たとえば、ＨＩＶ感染の初期では、陽性の女性は男性よりもＣＤ４陽性リンパ球の数値が高い。先で触れたように、この数値は免疫の力の重要な指標である。ＨＩＶに感染した女性は男性よりも血液中のＨＩＶ濃度が低かった。つまり、ＨＩＶなどのウイルス感染の少なくとも初期では、女性の免疫系のほうがしっかり対応していると思われる。

ヒトの体に病原体が侵入したとき免疫応答の中心となるのは、抗体をつくる能力を有するＢ細胞だ。Ｂ細胞とは、免疫原である侵入者の構造と特異的に一致する抗体の産生だけを目的にした、免疫に不可欠な工場である。抗体と免疫原の結びつきが強くなるほどその効果は高くなる。いったん活性化され闘い抜く経験をするとＢ細胞の一部はメモリーＢ細胞となる。そして何年かたって同じ病原体に攻撃されたときには、このメモリーＢ細胞が呼び出される。

このような仕組みを利用しているのが予防接種だ。病原体の免疫原性だけを含むワクチンを注射すると、体内ではぴったり合う抗体がつくられる。したがって以後、病原体と鉢合わせをして生存をかけた闘いをするはめになっても、先手は打ってあることになる。特定の侵入者にぴったり合う抗体をつくれなかったら、この惑星で長くは生き残れない。

Ｂ細胞は侵入者に一致する抗体をつくる過程で、元の状態を「卒業」して別の場所に移り、いっそうしっかり結びつくように抗体を改良する。うまく結合できるほど、感染を生き抜く可能性も高くなる。このような抗体の改良は、たいていはリンパ組織でおこなわれる。

さらに遺伝的女性の場合は男性には見られない仕組みが発達していて、侵入者である病原体に狙いを定め、もっとがっちり結びつく抗体をつくる。[11] そもそもB細胞では、うまく結びつく抗体をつくるために一連の変異が起こる。抗体をつくる遺伝子で変異が起これば、前よりもしっかり結びつく抗体をつくれる可能性が高くなる。そうして、ちょうどよい抗体をつくるべく教え込まれたB細胞は通常の変異の一〇〇万倍の速さで変異をはじめる。このような現象を体細胞超変異という。男性も女性も、B細胞では体細胞超変異をして抗体を微調整している。ところが女性の場合は、さらにエネルギーを注いでB細胞に教育をし続け、B細胞は最高の抗体を手に入れるまで何度も何度も変異を繰り返す。結果、女性は男性よりも確実に感染と闘えるまでになる。このような効果の高い超変異が女性で起こる理由については諸説あるが、ひとつ明らかなのは、女性は免疫の観点からは男性をしのぐ進化を遂げているということだ。

次の話も、女性のほうがはるかにうまく抗体をつくり利用している理由を理解する手がかりになるはずだ——女性のB細胞のほうが目的に向かって突き進み、最高の抗体を見つける力をもっているのはなぜか。X染色体は免疫機能にかかわる遺伝子を多く含む。女性の免疫細胞はどれも二種類のX染色体をもつので、同じ免疫遺伝子について異なるバージョンを含むことになる。[12] つまり女性の場合はもともと、おもにどちらか一方のX染色体を利用する各種の免疫細胞集団がふたつある。

遺伝子レベルで多様な免疫細胞をもっているのだから、これが競い合えば最高の抗体をつくることができるというわけだ。男性の場合はもちろん、B細胞の競い合いなどあり得ない。男性の場合はまったく同じX染色体を使っているのである。

女性のほうがよい抗体をつくりやすいのには、もうひとつ理由がある。多くの女性は出産後、数か月の間は赤ちゃんに抗体を与える。子宮では、胎児の免疫系は完全には活性化しないからだ。これは、間違って母胎を攻撃しないようにする進化的適応と考えられる。そのため母親の多くは母乳をとおして赤ちゃんに抗体を与え、赤ちゃんは免疫の効果を得る。母乳で育った子どもは幼稚園に通う年齢になると、下気道感染症のリスクが低下するという研究報告もある。[13]

しっかり結びつく抗体を得るために変異を繰り返す現象が、男性の場合、恐ろしく悪いほうへ向かうこともある。ピロリ菌が超変異の過程を乗っ取ることがあるのだ。[14]胃の内壁を覆う上皮細胞に必要のない変異を起こしてしまうと、これがやがて胃がんとなる。そうなる原因はまだ正確には解明されていない。ただ、男性はやはり、このような異常な事態に対して感受性が高いようだ。

一九二四年四月ウィーンの郊外で、当時はほぼ無名だった作家が妹のオットラに手厚く介護されながら療養生活を送っていた。作家は起きている間じゅう空腹を感じ、辛さのあまり仕事に支障が出ることもあった。しばらくすると病状が悪化し、いくら空腹を感じても、もう食べられなくなった。

古代エジプトで墓が封印される工程にも似て、作家の食道は世界に対して自らを閉じようとしていた。フランツ・カフカにとって何よりも大事だった食べ物に対して。カフカの消化機能が埋葬されるに至ったのは、目に見えない無数の病原菌が喉頭の組織に入り込んだためだった。この病原菌に襲われた人は、生き生きと過ごしていたかつての姿が見る影もなくげっそりやせこけてしまう。当時、この重篤な病が「消耗病」と呼ばれていたのも不思議ではない。

結核は何年もかけてじわじわと患者を消耗させていく。この病気は、人類が動物を飼いならしはじめたころから人々に深刻な影響を与えてきた。これまでに数知れない人たちの命を奪ってきた感染性の病原菌、結核菌（学名マイコバクテリウム・ツベルクローシス *Mycobacterium tuberculosis*）は、一万年ほど前に肥沃な三日月地帯——現在のエジプトからイラクあたりの一帯——で、感染したウシからヒトに生物種を越えて移ったと考えられている。起源は古いが、遠い昔の病気などではない。今日でも世界中で一〇〇〇万人が結核に感染している。

結核菌はしたたかだ。急激に全面的な闘いを挑むのではなく、長い時間をかけて体の防御機能を削いでいく。いったん体に入り込むと生涯続く慢性感染となり、持久戦さながらに免疫の防御機能との闘いを繰り広げる。つまり、糖尿病を患ったり、ＨＩＶなどの感染症と闘ったりして体が弱っている人ほど結核にかかりやすくなる。病原体どうしの闘いではこのような不均衡が見られ、あとから攻撃を仕掛けるほうが優勢になり、やがて感染した人の全身を衰弱させる。

結核感染がはっきりわかる徴候は、その昔は白いハンカチにつく血痰の赤い染みだった。一七世紀から一九世紀にかけては、全死因のおよそ四分の一を結核が占めていた。とくに産業革命に伴い、結核に感染して血を吐く人がいっきに増えはじめた（この血を医学用語では喀血という）。一九世紀の結核の蔓延にはいくつかの要因がからんでいる。屋内での劣悪な換気状態が感染を広げ、栄養の欠乏が免疫機能を低下させた。さらに日光の不足も体内で産生するビタミンDを減らした。[*1]

結核の典型的な症状は、カフカが友人、マックス・ブロートに宛てた手紙に詳しく書かれている。結核は、本人がそれとは知らない間にカフカの体に巣くっていた。「何より、疲労を覚えることが多くなりました。もうろうとしたまま何時間も安楽椅子に横たわっています……調子は悪いです。肺の病は半分ほどはよくなってきていると医者はいいますが。辛さは二倍どころではありません。こんなに咳き込んだことも、息切れをしたこともありません。こんなに脱力感に襲われたのも初めてです」

結核が体中に広がりいよいよ喉頭がおかされると、カフカは食べたものを喉に詰まらせないよう、飲みこむ前に何百回も噛まなくてはならなくなった。カフカが最後にどれほど苦しい数か月を過ごしたか、簡単には想像できない。

一九二四年六月三日、カフカは四〇歳で結核の合併症に屈した。[15] 自分の死後、未完の原稿は読んだり、公に出したりしないで、すべて燃やしてほしいとマックス・ブロートに頼んでいたのだが、ブロートは聞き入れなかった。

ブロートは、本当はカフカは望んでいたはずだと、割れた陶器のかけらを見つけつなぎ合わせて元に戻すかのように、カフカの書き残した文章や断片をまとめて全集に仕上げた。カフカが生きながらえて『審判』をはじめ数々の小説を書き終えていたら、どのような作品になっていたか、私たちには知る由もない。

はっきりしているのは、カフカが小説を完成させる可能性は、彼が遺伝的男性だったがためについえたということ。現代医学がこれほど進歩している二〇一七年の時点でも、結核で死亡した一三〇万人のおよそ三分の二が男性だ。

結核を前にしたときの免疫について、女性の優位性を示す事例がもうひとつある。リューベック事件として知られている痛ましい出来事だ。[16] 一九二九年、二五一人の新生児にカルメット・ゲラン桿菌（ＢＣＧ）抗結核ワクチンが接種された。このワクチンには図らずも、結核の原因菌である結核菌（学名マイコバクテリウム・ツベルクローシス *Mycobacterium tuberculosis*）が混入していた。汚染されたワクチンを投与後に死亡した新生児のかなりの数を男児が占めていた。

遺伝的女性はじつにみごとに病原菌を殺す。[*2] それでも、女性のほうが感染しやすい細菌がひとつだけある。大腸菌（学名エシェリキア・コリ *Escherichia coli*）。これは、体の構造が要因と考えられ

＊1　最近の研究によると、ビタミンＤには免疫機能を支える重要な役割があり、種々の感染や悪性腫瘍との闘いにも力を貸す作用がある。

＊2　男性よりも恵まれた免疫機能をもっている遺伝的女性にも負の側面はある。これについては第5章で掘り下げる。

ている（免疫が要因ではない）。体の構造上、女性のほうが大腸菌による尿路感染症にかかりやすい。まさに同じ理由から、カンジダ菌（学名カンジダ・アルビカンス *Candida albicans*）によって起こる真菌感染症も女性では珍しくない。生殖器は遺伝的性別によって外生殖器と内生殖器に分かれている。この解剖学的構造の違いを考えると、侵入してくる数々の病原体を女性がこれほどうまくかわしているのは、注目に値するところだ。

遺伝的性別はさておき、人類総体として私たちが地球上で生き延びるうえで最大の脅威となるのは、これからも実質的には感染症だろう。抗生物質が発見されてから九〇年ほどがたとうというのに、地球全体で見れば、いまだに病原性微生物が主要な死因のひとつにあげられる。結核は、壊滅的なまでに多くの人を死に追いやったカフカの時代と変わることなく、今も新しい株が現れては、私たちが備蓄している種々の抗生物質に抵抗している。

まさに同じ理由から、多剤耐性結核菌（ＭＤＲ－ＴＢ）の治療が難しくなってきている[17]。かつてはこの病原体を殺していたはずの抗生物質の多くが効かなくなったためだ。現在はもっと大きな脅威も現れつつある。超多剤耐性結核菌（ＸＤＲ－ＴＢ）と呼ばれる株が登場してきた。こちらはさらに多くの種類の抗生物質にびくともしない。

人々が世界中を移動するのにつれて、病原体も世界中を巡る。現在のところ、ＸＤＲ－ＴＢは米国を含む一二三の国で報告されている。私はこの事実を知ったことがきっかけで、超耐性菌感染あるいは多剤耐性菌感染が脅威を増しつつある状況に取り組むようになった。それ以降は研究者としての仕事の大部分を新規抗生物質の開発にあててきた。

病原体に襲われ、免疫機能だけではじゅうぶんに対処できなければ、抗生物質や抗ウイルス剤の力を借りて治す。ただ、こういった薬剤が問題解決に果たす役割はわずかでしかない。最新かつ最強の薬剤を投与したとしても、いずれどの病原体も耐性をもつようになってしまう。結局、いつの場合も、生命というものはどんな障害も自力で乗り越えていくほかない。それゆえに、私たちが生まれながらにもっている免疫防御の仕組みを深く学ぶことは重要だ。今日、最もよく効くとされる抗生物質や抗ウイルス剤といえども感染を「治す」わけではない。薬は、病原体と闘う私たちに少しだけ手を貸して、ひと息つかせてくれるだけだ。いずれにしても最終的にこの任務をやり遂げるのは私たち自身に備わっている免疫の働きなのである。

私たちは病原体のスープに漬かって暮らしているようなもので[18]、そのなかで生き抜いていくことがそもそも、人類たる私たちが直面する最大級の難題だ。深刻な細菌感染に打ち勝つにしろ、インフルエンザA型の最新株を倒すにしろ、あるいはもう少し広げて、人類の歴史のなかで何度も見舞われた飢饉や伝染病に伴う辛い経験に耐えるにしろ——女性のほうがうまく切り抜ける。理由は、すべて女性のもつXXに関連している。

遺伝学者であり、抗生物質の研究者である私にいわせるならば、つまり女性は間違いなく免疫機能に恵まれている。むろんこれはよいことである。この惑星で人類が現在も、未来も生き抜けるかどうかは女性にかかっているのだから。

第3章

恵まれない境遇

男性の脳

ナオミは、大型の茶色のジャバラ式書類ケースを胸にしっかりかかえていた。その後ろにくっついて静かに入ってきたのが息子のノアだった。一〇代にしては背が高く、控え目な印象を受けた。待合室にはノアと同年代の若い女性が座っていた。ノアに気づくと携帯電話から顔を上げて、入力する手を止めた。ノアのほうは彼女も、まわりの誰のことも気にしていなかった。そんなふうに見えた。

「同じ夢を何度も見るんです。朝早く、ノアといっしょに食卓に着いている場面です」と、私の正面の椅子に腰掛けてナオミは話しはじめた。ここの診察室はやや大きめで、窓もふたつあった。ナオミの隣にはもうひとり分の椅子があって、ノアも座ろうと思えば座れたのだが、母親が話をしている間じゅう、その後ろに立ったままでいた。

「好きな授業や、課外活動の話をしながら、ノアは自分でシリアルをおかわりして……次の週、感謝祭の夕食に新しいガールフレンドを連れてきてもいいかって聞いてくるんです。で、私が答えようとしたところで、目が覚めます……二年前にノアが高校生になってからは違う夢も見るようになりました」とナオミは話しながら涙ぐんだ。

「こういう夢が辛いのは、こんなことはついぞ起こらないとわかっているからです。ノアは三歳で話すのをやめて、それからひと言もしゃべっていません。薬も食事も治療も、何ひとつ効果はありませんでした。私は、もうずいぶん前にノアの状態を受け入れました。あまりにも苦しくて、もうどんなことにも希望をもてなくなりました。それでも毎晩、ベッドに入ると、いまだに、何か見落としていることがあるような気がしてなりません。こんな夢ばかり見るのは、夢を通してノアが何かいいたいからなのではないでしょうか。ノアの遺伝子を調べ直したら、はっきりした答えが見つかりませんか」

この日、ナオミが書類ケースに入れてもってきたのは、ノアのこれまでの診療記録だった。言語療法士、心理学者、かかりつけの小児科医による診察結果が詳しく書かれていた。ノアは五歳のときに専門家から自閉スペクトラム症（ＡＳＤ）と診断され、そのためしゃべらなくなったとされていた。

しばらく前までは、ＡＳＤと診断される男児の数は女児の八倍にのぼるというのが通説だった。[1] 男児の割合が高くなるのは、男児のほうが診断がつきやすいからだと考えられていた。実際にＡＳＤの女児の多くには正しく診断が下されてこなかったため、この理由は間違っていないように思われた。つまり、女児は男児とは異なる症状を呈することに、誰も気づかなかっただけの話とされた。たしかに症状の違いは診断数の差の一因ではありそうだが、これだけですべてをうまく説明できるわけではない。

米国疾病管理予防センター（ＣＤＣ）が発表した二〇一八年のデータによると、[2] 米国でＡＳＤと診断される男性の数は、この時点でも女性の三から四倍多かった。男性のほうがこれほど多くなる理由はいまだにわかっていない。私たちは、男女の違いをまだそこまでじゅうぶんには調べ切れていない。原因は、男児の脳にＸ染色体が一本足りないせいかもしれないし、Ｙ染色体にあるのかもしれない。あるいはＸとＹの相乗効果という可能性もある。

ノアは幼いころに遺伝子検査を受けていて、結果はすべて正常だった。だが当時はまだＡＳＤを調べる遺伝子検査がなかった。ナオミは、ノアにしてあげられることは何もないとしても、遺伝子検査が改良されているのだから、根本的な原因は見つけられるはずだと私に訴えた。

私はノアの全記録に目を通してから、複数の遺伝子をまとめて調べる遺伝子パネル検査と、別にいくつかの検査を手配して結果を待った。現時点で入手可能な、以前よりも詳しく調べられる遺伝子関連の検査を実施したところ、戻ってきた結果は前回と同じくすべて陰性だった。ナオミががっかりしたのも無理はない。ノアの病気について新しいことは何ひとつわからなかった。

その後、私は開業医をやめたが、数年たった今でもノアや、彼と同じような病状の少年たちのことはずっと頭にある。彼らの脳では全染色体の能力がじゅうぶんに発揮できていない。この厳しい現実ゆえに負っていた数々の困難を思うと胸が痛む。男性の脳をつくる細胞ではＸ染色体の多様性が欠落している。[3] そのため、男性は感染や炎症など体に及ぶ害に対して感受性が高く、脆い——この状態が知的障害の発症に関与していることはわかっている。Ｘ染色体の多様性の欠落がノアの病状に直接関与しているかどうかについては現在のところ不明だが、Ｘ染色体に問題があった場合、男性には頼るべきもう一本のX染色体がないことははっきりしている。

何も問題がなければ、X染色体上の遺伝子の多くには、最適に機能する脳をつくり維持する設計図が書かれている。しかし実際には、すべてが設計図どおりに運ぶとは限らない。X染色体にある一〇〇〇個ほどの遺伝子のうち、今のところ一〇〇個を超える遺伝子が知的障害の原因として特定され[4]、その結果生じる病気は「X連鎖性知的障害」という病名でまとめられている。X染色体で生じる遺伝子の変異には知的障害を引き起こすものがもっとあると思われるが、まだすべては特定されていない。

X連鎖性知的障害の症状は幼児期から見られ、多くの場合は平均よりも低い知能を示す[5]。病状が重度になると自立生活に最低限必要な基本的スキルを身につけられない可能性があるものの、軽度ならばほとんどわからないこともある。

知的障害を発症している人の家系の遺伝パターンを遺伝学者が調べれば、その原因がX染色体に生じた先祖を特定できる。家族で男児だけが発症しているように見受けられる場合は、家系図のなかにX連鎖性の遺伝パターンが浮かび上がるからだ[*]。

ノアの記録をひっくり返していたときのこと、ノアを診ていた小児科医からの手紙が私の目にと

＊めったにないが、女性でも受け継いだ二本のX染色体の同じ遺伝子に変異があると、X連鎖性の病状を呈することがある。

まった。医師が実施した検査の一部をまとめたものだった。そのなかには、脆弱X症候群と呼ばれる遺伝子疾患の検査も含まれていた。この病気は中等度から重度の知的障害をもたらし、女性よりも男性のほうが発症頻度が高く、重くなる。ノアの場合は叔父（ナオミの兄弟）がこの病気を発症していたため、彼にも疑いがもたれていたのだ。ところが検査結果は陰性だった。

脆弱X症候群の名前は、この症候群を患う人のX染色体を顕微鏡で観察すると、正常なものよりも切れやすいことから命名された。脆弱X症候群を発症している患者のおよそ九九パーセントは脆弱X精神遅滞（*FMR1*）遺伝子に異常があり[6]、この遺伝子が正常に機能していない。

正常に機能する*FMR1*遺伝子のつくるタンパク質は神経細胞間の連結部分（シナプスという）の形成にかかわっている。シナプスは正常な脳の発達にきわめて重要な部位だ。脆弱X症候群の患者には*FMR1*遺伝子のつくるタンパク質がないため、脳に誤った配線ができてしまう。脆弱X症候群に伴う認知症状の大部分は、脳の配線に生じた問題によって引き起こされている。これが医学的に一致した見解である。

脆弱X症候群が主として男性で発症し、しかも男性のほうが重度になりやすいのは、男性の細胞が、神経細胞も含めてひとつの例外もなく同じ脆弱X染色体を使っているから——一本きりしかもっていないからだ。そういうわけで、脳を守るためには、遺伝的女性全員が受け継いでいる、もう一本余分のX染色体が重要となる。私たちが知っている生物のシステムのなかでもとりわけ複雑な構造物をつくりあげ、保ち続けるための遺伝情報が損なわれているのであれば、問題が生じる可能性はおおいにある。ここまでで何度も見てきたが、くじを引くように遺伝子を抽選できて別の一手を打てるのであればそれに越したことはない。

女児よりも男児のほうがX連鎖性知的障害になりやすいことは前から知られていた。その理由は、X染色体上の変異に対して男性は遺伝的女性ほど耐えられないことにある。先にも触れたように、X染色体上に一〇〇〇個からある遺伝子の多くは脳をつくり、正常に保つことにかかわっている。

男児の脳に著しく影響をもたらす病気はX連鎖性疾患とASDのほかにもある。男児は、人生がはじまった時点から発達していくうえで不利な状況におかれている。新生児の段階で男児に見られる不利な状況については一九三三年に初めて報告が出され、この状況は神経系の合併症につながり生涯続く可能性があるとも指摘されていた。以来、今日まで異論は出てない。子宮から外の世界に出る段階で男児は不利な状況にあり、成長していくなかで発達に問題を生じる可能性の高いことが確かめられている。[7]

出生時の胎児機能不全や低体重はいずれも将来に知的障害が生じる可能性をはらむ。フィンランドで、一九八七年に生まれた子ども六万二五四人の健康状況を七歳になるまで追跡した、大がかりな研究が実施されている。[8] この研究によると、出生時に胎児機能不全をきたす割合は男児のほうが二〇パーセント高く、低体重で生まれる割合はこちらも男児のほうが一一パーセント高かった。さらに、子どもの年齢が上がるにつれて男児のほうが二から三倍発達遅延を生じやすく、また就学延期をしたり特別教育を必要としたりする男児は一万四千人を超え、女児よりも多かった。

二〇一一年にはＣＤＣが重要な研究を報告している。[9]米国で子どもの発達障害を一二年にわたって調べたデータを検討したものだ。この研究によると「男児の発達障害の有病率は女児の二倍を示し、とりわけ注意欠如・多動性障害、自閉症、学習障害、吃音、その他の発達遅延の有病率が著しく高かった」

国立衛生統計センターが発表した米国の最新の数字でも同様に[10]、発達障害の男児は女児の約二倍いることが示されている。このような男女間の著しい差は地理的条件や特定の社会にだけ限られた傾向ではない。米国と同様の結果が世界各国から続々と報告されてきている。いずれも、男児に見られる発達障害の割合は高い。

発達障害に関連した種々の病状は、ともすると男性では過大、女性では過小に診断される。このような傾向を考慮してもなお男性が診断される割合は著しく高い。ここに大きくかかわっているのが、ヒトの脳の形成と維持に伴う複雑さだ。

脳は単純な器官ではない。[11]受け継いだ染色体や遺伝子に書かれた指示に従ってつくられる点は体の各部と何ら変わらない。だが脳は、最初の発生段階が完了したあとでも絶えずつくり変えられている――このような性質を神経可塑性という――複雑な構造物だ。神経可塑性による変化は私たちが最期を迎えるその日まで続く。神経可塑性を促すのはＤＮＡだけではない。私たちが瞬時瞬時に経験するあらゆることが影響を及ぼす。子ども時代が遠くに過ぎ去ってもなお新しい技能を身につけられるのには、こんな理由があるのだ。

脳のほかにも体には、簡単にはつくれない構造が数多くある。今さら意外でもないが、こういった構造を手順どおりにつくりあげる能力が、女性に比べると男性には不足している。実際に発達の途中で生じる異変を見てみると、軽微なものから先天性形成不全までさまざまなものがある。

食べ物をうまく食べられなかったり、舌を長く突き出せなかったりする乳児がいる[12]。このような乳児はつれ舌、医学用語でいう舌小帯短縮症が考えられる。舌の裏側にある舌小帯という組織が適切な場所についていない状態だ。こうなると舌が「つれ」て、自由に動かせなくなる。つれ舌で生まれる男児は女児の二倍にのぼる。

内反足または内反尖足[13]——下肢が正常に形成されないために生じる疾患——の治療は理学療法が中心だが、極端な場合には手術が施される。内反足は乳児によく見られる先天性疾患のひとつであり、ほかの先天性異常と同じく内反足も男性は女性の二倍多い。その理由は、はっきりしていない。

救命を迫られる状況にしろ発達の段階にしろ、生物学的な意味での生命に降りかかるあまたの困難をうまくくぐり抜けるのはほぼ女性のほうだ。スーパーセンテナリアンという、とてもじゃないが達成できない偉業をやってのけてしまうその遺伝的性別は、発達していくなかで問題があまり生じない性別でもある。世界を見わたしても——国や文化を問わず——状況は同じだ。男性の脳というのは女性に比べて不利なのである。

女性はＸ連鎖性知的障害のような疾患の発生率が低いうえに、Ｘ染色体を二本有する性ならではの優れた能力ももっている。この類の能力のなかには、おそらく私たちが思っている以上に、はっきりそれとわかるものがある。

私も、そういった能力が発揮される場面に居合わせたことがあり、そのときの様子をよく覚えている。妻のエマと私が、最初に暮らしたアパートメントでリフォームを検討していたころの話だ。ある日、エマは帰宅するなりパントン社の緑色の色見本をうれしそうに見せ、そのなかから色カードを何枚か抜き出して、私の座っているテーブルに並べた。パロットグリーン（パントン３４０）、クロコダイルグリーン（パントン３４１）、リーフグリーン（パントン７７２５）。私の目には三枚ともほぼ同じ色に見えた。ところがエマは、書斎にはリーフグリーンがぴったりだといって引かない。私には、妻のいっていることがよくわからなかった。同じ世界を前にしているはずなのに違う色合いで見えているなんてことがあり得るのだろうか。

私は色覚異常ではない。だが、私はＸＹ男性である。もちろん、女性ならばひとり残らず男性よりも色覚が優れているというわけではない。ただ、女性には色覚異常の人は少なく、女性のほうが色を細かく見分けられる傾向があるようだ。いくらがんばってみたところで男性は遺伝的にふつうの色覚しか望めない。[14]

女性の目の網膜では、二本のＸ染色体のうちのいずれかを使い、色覚の受容体として働く細胞をつくる。つまり女性の色覚にかかわる細胞には、母親由来のＸ染色体を使うものと、父親由来のＸ

染色体を使うものが混在している。したがって女性は、X染色体上の同じ場所にある遺伝子を二パターン利用できる。[15]これで、色覚異常が女性ではめったに見られないことの説明がつく。

色覚の受容体がそれぞれ別のX染色体に由来するまったく異なる細胞だとすると、その女性には並外れた色覚が備わっている可能性がある。高感度の色覚で世界を見ている女性の数はまだ正確には突き止められていないが、五から一五パーセント――あるいはそれ以上――と予測されている。このようにずば抜けた色覚で色の世界を見るパターンを四色覚（四色型）という。[16]ふつうの人が一〇〇万色を見分けられるところが、四色覚をもつ遺伝的女性ならば一億色となる。四色覚をもつ正常なXY男性はこれまでにいたことがないし、今後も望むべくもない。

こんなふうに考えたことはないかもしれないが、じつは私たちの目というのは子宮で胎児の体がつくられる途中で、顔に向かって飛び出した脳の一部である。まわりの光景の像を脳でつくるために必要な情報も、目が脳へ届けている。信じがたいが、私たちの目は、およそ四億三〇〇〇万年前の海を泳いでいた最古の顎口類の目と基本的な構造に違いはない。[17]生き物が見分けられる周囲の環境条件はいくつかあり、色もそのひとつだ。光は目に入ると、まず角膜で紫外線がほとんど除去されてから網膜にあたる。網膜は外の世界を映し出すスクリーンの働きをする（上下左右が反転される）。ここで映し出された像を脳が読み取る。可視光を感じる細胞には、桿体細胞と錐体細胞がある。

桿体細胞は光子を吸収して応答する。桿体細胞（片方の目におよそ一億二〇〇〇万個ある）には光を感受する働きがある。各桿体細胞には一〇〇〇個の円板膜があり、この膜に一億五〇〇〇万個のロドプシンが埋め込まれている。

網膜には桿体細胞のほかに六〇〇万個の錐体細胞がある。この錐体細胞が総出で協力するおかげで、脳は世界に鮮やかな色を着けられる。多くの人は三種類の錐体細胞をもっている。それぞれ三種類の色覚遺伝子――*OPN1SW*、*OPN1MW*、*OPN1LW*――に由来する受容部位があり[18]、ここで光の波長に応答し、その情報を脳へ中継する。

三種類の色覚遺伝子がひとつでも本来の働きをしないと、脳は色の違いを区別しづらくなる。網膜が色を区別するために使う色覚遺伝子のひとつ、たとえば*OPN1MW*が正常な機能を欠くと、一〇〇万種だったはずの色を見分ける能力がわずか一万種までぐっと落ちる。

X連鎖性赤緑色覚異常では、まさにこの現象が起こっている。色覚異常に関連する三種類の遺伝子のうち二種類がX染色体上にあるため、正常な遺伝子を受け継いでいない男性は色を抑えた世界を「見る」ことになる。

色覚異常であることには、わずかながらも無視できない利点があるらしい。これは、オマキザルを調べるとわかるという。色覚異常の雄のオマキザルは、葉や樹木の表面にいるカムフラージュした昆虫をとてもじょうずに見つけ[19]、タンパク質を探しているときなどは大手柄を立てる。このオマキザルの事例が、色覚異常の男性で観察される事例とぴったり重なる。色覚異常の男性は「迷彩破り」がじつに得意なのだ。つまり彼らには迷彩工作を見破る能力がある。一九四〇年の『タイム』

誌に掲載された記事によると、[20] 米国陸軍航空隊の軍事演習でカムフラージュした大砲を空中から特定する任務に際し、ひとりの隊員がひとつ残らず見つけ出したのに対し、ほかの隊員たちは手こずったことがあった。なぜ、彼は見破れたのか。おそらく色覚異常だったのだろう。色覚異常は状況次第では重宝するかもしれない。だが生命を左右する段になれば、さまざまな色合いを見分けられるほうがはるかに役に立つ。そして、これをやってのけられるのは女性だけである。

この点に関して女性の遺伝子レベルでの優位性を示すかっこうの人物がコンチェッタ・アンティコだ。[21] アンティコは並みの視覚芸術家とは、違う。世界を無数の色合いで見る、類まれなる才能の持ち主である。ふつうの人とは異なり、彼女の目に映る色合いはおよそ九九〇〇万種にものぼる。アンティコは四色覚をもっている。

たいていの人の色覚は三色覚（三色型）だ——「三」とは色覚については三種類の遺伝子（うち二種類はX染色体上にある）を使って世界を見ていることを意味する。アンティコのような四色覚者では、X染色体にある色覚に関与する二種類の遺伝子がX染色体ごとに異なっている。

四色覚の事例から、遺伝的女性には、細胞内で遺伝子が協力する力が備わっていることがよくわかる。遺伝的女性全員が完ぺきな四色覚というわけではないが、それでも全体で見ると女性は平均的な男性よりも優れた色覚をもっていそうだ。

視覚は非常に複雑であり、実際に見るためにはさまざまな種類の細胞の協力が必要だ。男性が思い描く以上に、女性はたくさんの色を見ている。これは、女性がX染色体を一本余分にもっているのに加えて、女性の網膜ではさまざまな細胞が協力し合っているからだ。そのおかげで女性は男性にはできないことをして、男性には見えない色を見ることができる。

視覚の世界における遺伝子レベルでの協力作業は別の場面でも見られる。農産物を市場に届ける農家がまだ現れていなかった時代、人々は生《なま》の果物や野菜を求めて、日々とてつもない労力を費やしていた。一方ペットを見ると、人間とは違い生鮮青果物の類を食べなくても問題なさそうだが、不思議に思ったことはないだろうか。[22] その理由は、ペットの動物はL－アスコルビン酸、いわゆるビタミンCを必要に応じて自力で合成できることにある。これが、さほど品質のよろしくない食材でつくられた食事でもペットが生きていける一因だ。

ビタミンCを合成できるのはイヌとネコだけではない（余談だがイヌもネコも色覚異常なのは興味深い）。この惑星に住むどの哺乳類も、食物に含まれるグルコースという単糖を体内でビタミンCに変えて利用している。[23] 例外は、わが霊長類のいとこたち（と、理由は不明だがコウモリ、モルモット、カピバラ）。では、私たち霊長類はどうすればよいのだろうか。私たちがもっている関連する遺伝子は、*GULOP* といってビタミンC合成酵素をつくれない偽遺伝子*だ。したがって、この偽遺伝子を使ってビタミンCに変換しようとしても、壊れたコピーなのだからそもそもできない話なのだ。歯の健康維持に気を使っている人、抑うつや炎症、疲労などの予防に努めている人は、霊長類ヒト科の一員として生の果物を手に入れるしかない。

視覚系のおかげで私たちは遠くから果実を見つけたり、ときには味見をしなくても熟れ具合を見きわめたりできる。自分でビタミンCをつくれないヒトが生き残るためには、視覚系はなくてはならない感覚といえる。

一方、植物のほうにしてみたら、ただで配るつもりはない。植物は動き回れないため、進化の過程で駆け引きを編み出した。熟した果実をおいしくいただいた動物（ヒトを含む）は、引き替えに植物のために種子を「預かり」「まく」こと。植物が大きなコストをかけて果実をつくる目的は、このような交換を通して子孫を遠くまで安全に運んでもらうことにある。

じゅうぶんな量のビタミンCもそうだが、植物由来の栄養素を増やすには、私たちは熟した果実を手に入れなければならない。たいていの場合、植物は果実の色を変えて、熟れ具合を知らせる。種子がまだできていない状態の果実が食べられてしまうと、果実をつくるために投入したエネルギーがそっくりむだになる。だからたいていの果実はまわりの葉にまぎれる緑色から、目につきやすい赤色、黄色、オレンジ色、ときには濃い黒色へと色を変える――そのおかげで私たちは熟れた果実を見つけて食べることができる。

わが霊長類の親戚である野生のオマキザルの行動に関する研究によると、三色覚のオマキザルは

＊偽遺伝子とは、近縁種の生物では正常に機能している遺伝子に似るが、現在では機能を失った、ゲノム内のＤＮＡ配列を意味する。

色覚異常のオマキザルよりも早く果実を見つけ出して食べるそうだ[24]。また飼育下のアカゲザルに関する研究でも、三色覚のメスは色覚異常の仲間よりも早く果実を見つけることが確認された[25]。

人間の場合、色覚異常だと安全に食べられる果物かどうかを見分ける作業は少し難しいかもしれない。ただ、もし間違えても植物のほうでぬかりなく備えをしていて、味覚で嫌な印象を与えて熟しているかどうかを知らせてくれる。熟していないバナナを食べたことのある人なら、わかっていただけると思う。

日本とリンゴを結びつけて考える

ことはあまりない。人間の脳の形成と維持についても、リンゴと結びつけたりはしない。私は神経遺伝学と植物科学の研究を何年も進めるうちに、神経の発達と日本でおこなわれているリンゴの木の剪定との間に類似性を見いだした。自然界ではマクロレベルとミクロレベルに類似の過程を見いだすことがよくある。人手のかかる日本のリンゴ栽培方法と人間の脳についても、私はそんな関連を見ている。

私が青森県を訪れたのは一〇月の半ば、ちょうどリンゴの収穫期だった。北海道のすぐ南に位置する青森はリンゴの産地として名高い。毎年一〇〇万トン近いリンゴを生産し、そのほとんどが日本国内で消費されている。

葉をこんもりと茂らせた木の下で私は思いっきり腕を伸ばし、一個目のリンゴをもぎ取った。今回の日本訪問は、特定品種のリンゴがもつ遺伝の秘密を探り出す研究プロジェクトに向けて、組織試料を採集するためだった。このプロジェクトではさらに剪定作業に注目し、剪定したリンゴの木では遺伝子の振る舞いがどのように変化するのかも追う予定になっていた。このうえなくおいしいリンゴをほどよい熟し加減で収穫するにはもってこいの時期だった。もちろん研究対象といえどもかじらないでいるなんて、どだい無理な話だった。

世界一という品種の赤くてみずみずしいリンゴは、私がこれまでに見たリンゴのなかで間違いなく一番大きい。リンゴの大きさは重さとたいてい比例する。あのときのリンゴも例外ではなかった。私がもいだなかには二ポンド（約九〇〇グラム）を超えるものもあった（ちなみに米国の学校給食で出されるふつうのレッドデリシャスはわずか三分の一ポンド〈約一五〇グラム〉）。リンゴの大きさは遺伝子だけでは決まらない――人間が相当な手間をかけて、一個一個の世界一をここまでの大きさに育てている。

あの日、リンゴの木の下にはヤマザキナオキという人物がいた。ヤマザキはリンゴ農家の二代目で、このときはデニムのシャツにオーバーオールという出で立ちだった。ヤマザキ家は先代から同じ土地を耕し、何年にもわたってリンゴの木の世話をしてきた。

ヤマザキは週に数キログラムからのリンゴを食べて育ったそうだ。本人いわく、自分は文字どおりリンゴでできている、とのこと。農園のどんなところが一番好きかと私が尋ねると、彼は両腕を思いっきりひろげ、「私の子どもたち」と答えた。木からぶらさがっている大きな赤いリンゴたちのことだ。農家として一番やりがいのある仕事は何かと聞いたら「好きなようにさせてあげること」と返ってきた。

私は、植物や動物のつくる未知の生体化合物のなかから、人間の病気の治療に使えそうなものを探している。これまでに研究の一環で世界各地を訪ね、何人もの農家と一緒に仕事をしてきた。私が出会った農家の人たちには似たようなところがあるように思える。みんな、面倒をみている植物や動物への愛に満ちている。何を育てているかは関係ない。中国の福建省で野生古茶樹を栽培している烏龍茶農家にしろ、フィンランド西岸沖のオーランド諸島でカタツムリを育てている養殖家にしろ、気持ちは何ら変わらない。

青森を訪れて初めて知ったのだが、日本ではリンゴの木の剪定に、人間がかなりの手間暇をかけている。つまり、生と死のサイクルにかかわる作業が農家の時間の大半を占めていることがよくわかる。ヤマザキによると、日本では一〇〇〇本の木を剪定してようやく真のリンゴ農家と名乗れるそうだ。私はヤマザキに、これまでに何本剪定したのかと聞いたところ、返ってきた答えは「そこまではありません」。

日本流の摘果の方法は、私には辛い。というのも私は何よりもリンゴが好きだから——まだ熟す前にあんなにもたくさんのリンゴを摘み取って捨てるだなんて、もったいない。ところが、信じてもらえないかもしれないが、一見もったいなく思えるこの工程のおかげで、脳における神経処理に関する私の考えが変わった。今ならわかる。剪定や摘果は、おいしくて玉張りのよいリンゴを育てるには必須の工程であり、同じことが健康な人間の脳を育てるためにも必要なのだ。

リンゴの木には一年を通じて折々に農家が剪定をおこなう。果実の形を悪くしたり、傷つけたりしそうな枝を切り落とし、あるいは花や熟れる前の果実ならば摘み取る。農家はこれを手作業で進める。ヤマザキや農園のスタッフはリンゴ園のなかを整然と移動しながら、数え切れないほどの若い果実を丹念に調べ、捨てていく。

この作業のおかげで、一本一本の木は残った果実を育てるのに集中できる。ヤマザキによると、残したリンゴは見たこともないほど大きくなり、風味たっぷりに育つという。果実が成長したところで、手で優しくまわして向きを変え紅色のしま模様が均一に入るようにする。剪定をいっさいしなければ収穫量はもっと多くなるのだろうが、「するだけの価値はありますよ。少ないほうがいいってこともあるでしょう?」とヤマザキはいった。

ヤマザキは一般的な剪定のさらに上をいく——摘果後の一時期、日が当たり過ぎないように果実一個一個に小さな「袋」をかぶせる。一個に約二〇ドルの値がつくのも当然だ。

私は日本の地で、こんもりと葉を茂らせたリンゴの木の下に座って枝を見上げながら、ヒトの発生にも自然と似た過程がいくつかあることを思い出していた。適切に取り除くことによって恩恵がもたらされるのはリンゴだけではない。ヒトの、脳など中枢神経系の発生でも類似の過程を経る。死んでいく神経もあるし、その結果、生き残って成長していく神経もある。

神経系内での細胞の一生、つまり細胞の死については仕組みも理由も長い間、謎だった。そうしてあるとき、ひとりの女性の胸に、その全過程を明らかにしたいという思いがわきあがった。この女性は怖いもの知らずで、一度決めたら簡単には引かない人物だった。

リータ・レーヴィ゠モンタルチーニ博士は職を失っていた。[26] ちょうど一九四〇年六月に祖国イタリアが枢軸国側に入り、第二次世界大戦に参戦したところだった。誰に聞いても、この国には迫害の火の手があがり、狂気が蔓延しているという。レーヴィ゠モンタルチーニはイタリア国外には逃げないと決め、家族の近くにとどまることにした。ユダヤ人女性だったため、彼女の将来にはさらに制約がかかった。神経科学の研究か、医師の仕事を続けていくつもりだったが、一九三八年一一月一七日に「イタリア人種の防衛のための措置」が可決されて、どちらの活動も禁止されたため見通しは厳しくなっていた。ユダヤ人を制限する法律がいくつも制定されるなか彼女を守ろうと、医学校時代の友人が結婚を提案してきたこともあった。が、レーヴィ゠モンタルチーニは丁重にお断りした。レーヴィ゠モンタルチーニ博士はありったけの時間を使って、かねてから関心を寄せていた神経の生と死について考察を深めつつ、いつどうなるともわからないわが身を案じていた。

ともあれ忙しくしていたかったレーヴィ゠モンタルチーニは、当時家族と住んでいたイタリア北部の都市、トリノで秘密裏に医師として働くことにした。だがしばらくすると、その医療行為もやめざるを得なくなった。危険すぎたからだ。彼女を苦しめたのは戦争だけではなかった。疑問をいくつも思いついたのに追究することがかなわず、いつしか研究に対する意欲をすっかり失っていた。

だがその後、彼女がとった行動は、いかにもレーヴィ＝モンタルチーニという人らしい。どんな障害が立ちはだかっても、彼女はいつも自分なりのやり方で乗り越える道を模索した。

話を生い立ちに戻すと、レーヴィ＝モンタルチーニは最初から医師や科学者を目指していたわけではなかった。かといって、この時代の女性たちにならって、家族の世話に専念するつもりもなかった。当時は科学の分野では、女性は男性ほど有能ではないという話がまごうことなき真理のように語られていた。レーヴィ＝モンタルチーニは、双子の妹パオラと同じ芸術の道を考えたこともあった。けれども、科学への好奇心が、彼女の独創的で強力なエンジンに燃料をくべ彼女を前に推し進めた。

後年、本人が語ったところによると、進路を決めた裏には辛い出来事があったそうだ。レーヴィ＝モンタルチーニに決意を固めさせた女性、ジョヴァンナ・ブルッタッタは、レーヴィ家の子どもたちにとって第二の母のような存在だった。ジョヴァンナが末期の胃がんと診断されたとき、レーヴィ＝モンタルチーニはたいへんなショックを受けた。ジョヴァンナの病がきっかけとなり彼女は医師への道を決めた。だがそこから彼女の前に立ちはだかった障害はふたつやみっつどころではなかった。進路を決意した時点で、すでに高校を卒業してから三年がたっていた。この年齢の女性は当時のイタリアでは大半が、早く結婚相手を見つけて子どもを産むようせっつかれていた。さらに、高校までに修めた科目では、医学校の入学に必須の数学、基礎科学、ギリシャ語やラテン語などの古典言語の能力が足りなかった。

レーヴィ＝モンタルチーニは、圧倒的な男の世界に入るべく翌年の入学試験に向けて自分で準備を進めた。毎日のように朝四時から机に向かい、科目によっては近所に住む大学教授の指導を受けた。教授たちは、彼女が新しい難解な教材にひたすら集中する姿に目を丸くしたという。八か月にわたって来る日も来る日も勉強を続けた。だからといって知識を覚えることだけに満足をするレーヴィ＝モンタルチーニではなかった。このころからすでに、のちの研究課題につながる疑問の種が芽を出しつつあった。そうして、入学試験の日を迎えた。

レーヴィ＝モンタルチーニは同じ日に試験を受けた受験生のなかで最高点をとった。

あれくらい不屈の精神があれば戦争ごときに、すなわちナチス国家にすり寄り最終的解決にやっきになっていた独裁的な国家指導者なぞに、科学研究の道を邪魔されたりしないのもうなずける。

レーヴィ＝モンタルチーニは、ニワトリの卵を使ったアリストテレスの発生学研究を思い返しながら、粘り強く研究を進めた。彼女はニワトリの受精卵をモデルにして、最終的にヒトの神経系の発生を調べるつもりだった。顕微鏡をのぞきながら受精卵を解剖しては、ニワトリの胚発生を経時的に追った。

私も以前、同じような実験をしたことがある。たとえば、病気にかかったミツバチの研究では、呼吸器系をひたすら解剖した。前屈みの姿勢で解剖顕微鏡を何時間ものぞき込んで、ミツバチの気管に生息する小さな寄生ダニ、アカリンダニ（学名アカラピス・ウッディ *Acarapis woodi*）を同定しては数を数えた。このダニが気管に入ると、ミツバチはかなり苦しくなる。[27] あなたの鼻の穴に、小さなアタマジラミが大挙して入り込み、気管を伝って肺まではっていく場面を思い浮かべていただきたい――おわかりいただけると思う。

ミツバチは活発に活動するために、たくさんの酸素を必要とする。ミツバチの体の両側面には気門という穴があり、ここから空気を取り込んで「呼吸」をしている。空気は気管系（大きさの違うスリンキー〔訳注：らせん状のばねのおもちゃ〕がいくつも集まっているように見える）を通って、酸素を必要とする組織や筋肉へと進む。

私の研究では、スリンキーに似た気管をほぐす作業があった。顕微鏡下で小さな鉗子を使って気管を裂いて、そうして出てきたダニを一匹ずつ数えていく。骨は折れるし、時間もかかる。毎日毎日、不自然な姿勢で、なかば固まったようにして何時間も過ごした。体に負担がかかり、加えて精神にも肉体にもとてつもない忍耐力が求められた。とはいっても私の研究プロジェクトは数か月もすると終わりを迎えた。レーヴィ＝モンタルチーニの場合は生涯続いた。

おまけに、私が作業をしていた場所はできたばかりのまっさらな、最先端の実験室だ。備わっている設備もいっさいが人間工学をもとにつくられていた。

それに比べてレーヴィ＝モンタルチーニはといえば、戦時中に自分でつくりあげた、あり合わせのものしかない実験室でひたすら研究を続けていた。彼女が「ロビンソン・クルーソ風」実験室と呼んだ私設研究所の実態は、家族と暮らすアパートの彼女の小さな寝室に友人たちの力を借りてつくられたものだった。

顕微鏡下で組織に切りこみを入れる小型のはさみは眼科医から、小型のピンセットは時計製造会社から譲り受けた。小型のメスは手に入りそうになかったため、レーヴィ＝モンタルチーニが自分でつくるしかなかった。こういった道具を駆使し、顕微鏡をのぞきながら解剖をして染色スライドをつくり、観察をしては記録をつけていった。さらに、急ごしらえの孵卵器で卵を温め、変化の様子も追った。ニワトリの有精卵を見分ける作業は、そうそう簡単には進まなかった。

ヒトなどの脊椎動物では神経は脊髄にあり、四肢を支配している。そのおかげで私たちの脳は、温度や振動などあらゆる感覚情報の入力を通して、手や足が何をしようとしているのかを絶えず把握できる。また、私たちが手や足を動かせるのは、神経が筋肉を支配しているからだ。私が今この文字を入力するために使っている手や指の筋肉も同じ仕組みで動いている。

こういった神経細胞が胎児の段階で筋肉や皮膚にうまくつながらなかったら、あるいは後天的に事故で切断されたら、体は感覚を失ったり、動きを調整できなくなったりする可能性がある。レーヴィ＝モンタルチーニが解剖していた胚の四肢では、神経が成長しながら生存し続けていた。ここに、神経の成長を促す秘密の鍵、つまり化学物質があるはずだとレーヴィ＝モンタルチーニは見抜いた。その謎めいた、当時はまだ知られていなかったタンパク質を、今日では神経成長因子（ＮＧＦ）と呼ぶ[28]。

神経細胞の制御、発達、機能、生存にかかわるタンパク質は、現在ではＮＧＦのほかにもたくさん明らかにされている。この種のタンパク質をまとめて神経栄養因子（ニューロトロフィン）と呼ぶ。重要な神経栄養因子としては、[29]脳由来神経栄養因子（BDNF）、ニューロトロフィン－3（NT－3）、ニューロトロフィン4／5（NT4／5）が確認されている。神経栄養因子には、アルツハイマー病から自閉スペクトラム症、さらには注意欠如・多動性障害など種々の神経疾患に関与すると考えられているものが多い。ヒト以外の動物について神経栄養因子の機能を調べた近年の研究では、性依存的であることがたびたび指摘されている。この点は重要だ。というのも、BDNFのような神経栄養因子が果たす役割は小さくないからだ。レーヴィ＝モンタルチーニが発見した現象である神経細胞の生存から、樹状突起の分岐やこのあとですぐに説明するシナプスの形成まで、脳の仕組みのそこかしこに神経栄養因子は大きな影響を及ぼしている。また神経栄養因子の多くは、炎症過程と相互に作用したり、炎症過程によって誘導されたりもする。

私たちの体内に存在する神経栄養因子の量は、[30]それぞれの生活様式によっても影響される。運動をすると、その程度に関係なくBDNFなどの神経栄養因子の量が増え、脳の機能が至適な状態で維持されるようになる。神経栄養因子の作用する仕組みは、今ようやく明らかにされつつあるところであり、現在わかっていることの大半は、レーヴィ＝モンタルチーニの先駆的な研究に負うところが大きい。

戦争が終わり、レーヴィ＝モンタルチーニは生化学者のスタンリー・コーエンと一緒に研究を進めることになった。そうしてコーエンは、先にレーヴィ＝モンタルチーニが発見していた、謎めいた化合物NGFの構造を突き止める。ちなみにコーエンがレーヴィ＝モンタルチーニの研究室を訪れる際には、傍らにはよく愛犬スモッグ――レーヴィ＝モンタルチーニによれば「見たことがないほど愛らしい、最高の雑種犬」[31]――がいたそうだ。コーエンのほうは神経系についてはそれほど詳しくなく、一方レーヴィ＝モンタルチーニも生化学に馴染みがなかったため、互いに教わりながら一緒に研究を進めたことが実りある結果につながったようだ。

それから四〇年ほどがたった一九八六年[32]、リータ・レーヴィ＝モンタルチーニは戦争のただなかにはじめた研究に対して、スタンリー・コーエンとともにノーベル生理学・医学賞を受賞した。ふたりの大発見を機に、科学者たちの間で神経細胞の生と死のサイクルに対する理解が深まっていった。それだけでなく、男女間のもっとも基本的な違いも認知されはじめるようになった。

私たちの脳には、赤ちゃんの時点で何百億という神経細胞があり、神経細胞をつなぐシナプス結合はそれを軽く上回る。ヤマザキが、剪定や摘果を介しておいしいリンゴを目指したように、ヒトの脳が正常に発達するには、神経細胞とシナプスを慎重に剪定しなければならない。そのため、神経細胞の数は全体で見れば、乳児期よりも人生も後半にさしかかった大人の脳のほうが少なくなる。

ヒトの脳は大きく、これを働かせるには大きな代謝コストがかかる[33]。脳は、私たちが毎日燃焼しているカロリーの約二〇パーセントをせっせと消費して機能し続けている。進化の歴史を振りかえると、必要な食事が必ずしも保証されていなかった時期が大半を占める。したがって、食べ物が不足していても食べさせなければならない大きな脳の存在は、さぞかしやっかいだったことだろう。

神経科学の研究によると、ヒトの神経細胞の剪定（刈り込み）過程は発生のかなり初期、つまり子宮にいる間にはじまっていることを示唆する証拠がある。[34] 生物が自ら有するこの技――神経細胞を過剰に産生して、あとから広範に剪定をする――は、なかなかうまく機能している。調理道具でいっぱいの引き出しを思い浮かべてほしい。これ以上、道具をもっていても役に立ちそうにない――それどころか、探し物を見つけにくくするだけかもしれない。正常な脳の発達が目指すのは、ミニマリストがよく口にする「使うか、捨てるか」と同じところだ。これを達成したあかつきには、神経細胞間で情報を円滑に伝達しやすくなるというわけだ。

生存にかかわることなく、エネルギーを浪費する一方の神経細胞をもち続けても何の役にも立たない。脳を効率よく働かせるには、そういった神経細胞を剪定する、つまり処分してしまうとうまくいく。神経細胞間のつながりについても、さほど使わないものは減らせばよい。これが、生物学の暗黙の了解だ――母なる自然によってきっちり管理されている。

最新の神経科学研究では、種々の神経疾患において、脳内に存在する特殊な免疫細胞であるミクログリアの関与が示唆されている。[35] これまでは、ミクログリアは免疫だけを担当していると考えられていた――その唯一の目的は侵入してきた微生物などの脅威と闘うこと。細菌やウイルスなど外来のものを察知するとミクログリア細胞は片っ端から取り除こうとする。ミクログリアはおもに脳に存在し、神経系にある全細胞の一〇パーセントほどを占めている。

現在、明らかにされているところでは、ミクログリアは脳で感染と闘っているだけでなく、からみ合った神経細胞の間を通り抜け、使われていない神経細胞間の結合部分を切って取り除く仕事――日本のリンゴ農家の作業にとてもよく似ている――もしている。

ミクログリアによるシナプス刈り込み過程が発見されたのは最近のことだ。この発見により、脳の正常な発達に対する理解が変わった。それまでは、シナプス刈り込み説は科学界の隅っこでひっそりしていたのだが[36]、二〇一八年三月、研究者たちが苦労の末に、ミクログリア細胞が実際に重要な剪定作業をしている様子の撮影に成功した。日本でリンゴ農家が剪定作業をする現場に立ち会っていたあのときの私と同じように、脳の研究者たちも、ミクログリアがシナプスの構造変化と再編成を誘導する場面を目のあたりにしていた。

ミクログリアは、自己免疫性神経疾患である多発性硬化症（ＭＳ）に関与すると考えられている[37]。炎症があるとミクログリアが活性化されるが、同じことがＭＳでも起こっている。ほぼすべての自己免疫疾患と同様に、ＭＳも男性よりもおもに女性で発症する。これは、のちほど詳しく取り上げるが、より優れた免疫系をもっているがゆえに生じる問題である。ミクログリアは脳内で免疫を担っている。そして免疫細胞は女性と男性とでは異なる振る舞いをすることが確認されている。だが、ミクログリアが男女の脳の内部でそれぞれどのように振る舞うのかについては、現在のところまだ解明されていない。

ミクログリアは病気とのからみで研究者の関心を引いてきた。[38] 現在は外傷性脳損傷（ＴＢＩ）をはじめアルツハイマー病、自閉スペクトラム症（ＡＳＤ）の発症などさまざまな疾病について、正常に働かないミクログリアの研究が進められている。

最近発表された比較的大人数を対象にした死後研究ではＡＳＤ患者の脳に注目し、[39] ミクログリアによって誘発されたと考えられる慢性炎症の徴候が指摘されている。さらに興味深かったのは、神経科学者によってすでにＡＳＤとの関連が示唆されていた背外側前頭前野などの脳の特定領域が、とくにミクログリアの不適切な反応によって影響を受けるという報告だ。背外側前頭前野は実行機能（高次機能である意志決定）にかかわっているため、このようなミクログリアとの関係は重要である――ＡＳＤの患者、全員で同じような現象が起こっているわけではないが。

ミクログリアを暴走させるものの正体と、ＡＳＤの発症に果たすミクログリアの役割は、現時点ではまだ明らかにされていない。言い換えると、ミクログリアが自ら剪定役を演じているのか、あるいは生体内の別の過程からの指示に導かれているのか。そして、どの研究をもってしてもまだわからないのが、生命現象が正常に進行しているときに、ミクログリアはいったい何をしているのか、である。シナプスを剪定して維持するだけなのか、私がヤマザキのリンゴ園で、この目で見た手厚いサポートと同じように、ミクログリアもまた顕微鏡のレベルで優しく手を差しのべているのか。

今後もさらに多くの発見が待たれる。とはいえ、現在、明らかになっていることもある。Ｘ染色体が一本しかない遺伝的男性として生まれると、ＡＳＤと診断される可能性が高くなる。

私にはよちよち歩きの甥がいるが、現在の遺伝学もまだそんなところだ。甥は単語をいくつかうまく操れるようになり、今は数語を組み合わせて短いけれども意味のある文をつくって、まわりのあれやこれやを言葉で表している。甥の英語の理解と同じように、遺伝学者も遺伝の基本的な単語と「司令」を理解してはいる。だが、遺伝学によって得られた知見の微妙な意味合いをしっかり把握するのはこれからだ——その知見を臨床の現場でどのように活かすかについてはいうまでもない。

したがって今、遺伝学は読み解く段階にきているといえる。ゴールドラッシュでにわかにわきたった町のように、遺伝学の分野でも、遺伝子の理解のための支援を掲げた産業がひと晩にしてそっくり現れたかのような様相を呈している。急成長している民間の遺伝子検査ビジネスについては大きな期待が寄せられているものの、これまでのところさほど成果はあがっていない。すでに世界中ではかなりの人が先祖探しをするべく、自分のＤＮＡ試料をポストに投函している。ところが、その大多数が気づいていないのだが、ご先祖を割り出すための手法は、実際の遺伝子をたどっていく方法ではなく、検査会社が採用しているアルゴリズムに頼っている。この手の検査会社のなかには、運動療法をカスタマイズしたり、理想の相手を見つける手助けまでするところもある——うたい文句は、ひとりひとりの遺伝子に基づいて。遺伝子による未来予測はビッグビジネスなのである。

ところで、私たちのＤＮＡは、何百万年にわたって同じことを繰り返してきた。遺伝子は単独で私たちの生命を決定づけているわけではなく、絶えず周囲の状況に応じて、次々に対処してもいる。こんな場面を思い浮かべてみよう。ステージの上にスタンウェイのグランドピアノが二台並んでいる。どちらにもベートーベンの『月光ソナタ』の同じ楽譜が置いてある。ピアニストがふたり、それぞれピアノに向かい演奏をはじめる。聞こえてくる調べを決定づけるのは、譜面と、弾き方の指示だ。今、ふたりのピアニストは同じソナタを弾いているのに、それぞれの演奏スタイルによってまるで違って聞こえる。

ヒトのゲノムは、指示がはっきり図式化されたような設計図ではなく、その詳細を私たちはまだ完全には理解していない。約三〇億のヌクレオチド――塩基名、アデニン（A）、シトシン（C）、グアニン（G）、チミン（T）で表記する――が、DNAというネックレスに真珠のようにつながっていることはわかっている。DNAには、生命と日常の営みに不可欠な遺伝子の情報が書き込まれている。つまり、ヒトのゲノム内にはあらゆる情報――デオドラント剤が欠かせないかどうか（*ABCC11* 遺伝子にコードされている）も、パクチーの風味を石鹸と感じるか、おいしいと感じるか（*OR6A2* の変異にコードされている）も――が存在している。

私たちは、ゲノム内にある手持ちの遺伝子を絶えず利用して、さまざまな状況での求めに対処している。細胞にはよく使う遺伝子と、そうでもない遺伝子があり、どれを使うかは、その時点で求められるものによって決まる。生命は絶えず変化に見舞われたり難題にぶちあたったりしている。そのたびごとに遺伝子が必要に応じた対応をすることによって、私たちは長きにわたって生物種として生存してこられた。女性の場合はX染色体を一本ではなく二本もっているおかげで男性よりも遺伝子の指令を多く備えており、生命に対してひと捻《ひね》りある応答ができるのである。

私たちが生きていくなかでいろいろ選択をしていることや、選択に伴う変化に対して今度は遺伝子がどのように応答しているのかについて、私はポールとの出会いを機に考えるようになった。ポールをめぐる話は、私たちがとりうる選択の範囲は、受け継いでいる性染色体によってどのように定められているのかをよく示している。

一九六〇年代までさかのぼると、このころは、男性の素行の悪さの原因としてY染色体が重要視されていた。[40] Y染色体をもっていることと、暴力との関連を探る研究の背後にあった、このような視点はまったく間違っているわけではない。

テストステロン（Y染色体をもつ結果として男性が有する）などアンドロゲン濃度の上昇は、間違いなく大きく影響している。ところがどうやら、男性に不利に働いているのは、Y染色体を受け継いでいることだけではないようだ。もちろんアンドロゲン濃度は高いが、さらに男性には、女性と同じだけの遺伝子レベルの選択肢がないことも関与する。

ポールについては誰に尋ねても、その道で成功した人物だと返ってくる。私と初めて出会ったころのポールは五〇歳代半ばで、顧客から預かった資金を如才なく運用して、かなりの財を築いていた。先頃の世界金融危機では顧客たちを最後まで支え、それほど痛手を受けずに窮地を切り抜けた。ポールはビジネススクールを卒業後わずか数年で、友人ふたりといっしょに投資会社を興していた。それがいまや忙しさのあまり、将来性のある新規顧客との取引を泣く泣く断っているような状況だ。幸せな結婚生活を送り、一〇歳代の子どももふたりいる。

私は外国での調査旅行を終え、飛行機でニューヨークに戻ってくるところだった。数週間ぶりのわが家へ向かう帰路はいつもながらよいものだ。ＪＦＫ空港に飛行機が着き携帯電話の電源を入れると、ポールの事務所から急を要する旨のメッセージが二通入っていた。ポールのアシスタントからで、明日、早めの朝食をポールといっしょにとれるかどうかの問い合わせだった。ポールは、内々に受けた遺伝子検査について私に相談があるようだった。

すぐには無理だったが、あまり間をおかずに会うことにした。数日後、朝食を終えると、ポールは私に分厚い茶封筒を差し出した。書類をめくっているうちに、ポールが遺伝子検査について疑問を覚えた理由がわかってきた。

私が見ていた書類は、ポールが遺伝子検査研究所で受けた有料プランの匿名遺伝子検査の結果だった。おそらく、黄色で色分けされている部分が気になり、私の意見を聞きたかったのだろう。

書類に目を通しながらふと顔を上げると、ポールは沈んで見えた。

「で、どう思いますか、先生？」と、ポールは余計なことをいわずに切り出した。検査結果は、彼の *MAOA* という遺伝子に珍しい変異があることを示していた。専門家としての私に彼が助言を求めたのは、彼の*MAOA*遺伝子が受け継いでいるとされた変化に、意義不明の変異（ＶＵＳ）と付記されていたからだった。遺伝学者が検査結果をＶＵＳというときは、何かあるかもしれないし、まったく何もないかもしれないことを意味している。

意義不明の変異を見るにつけ、私たちは、受け継いでいる遺伝子がもたらす影響について、ひとつ残らず理解しているとはとてもいえないという理由がよくわかる。ポールの場合、ＶＵＳと判定されたのは*MAOA*遺伝子に生じた変化であり、まだ誰も見たことがないものだった。そのため、検査結果を判定した会社でも自信をもって判断を下せなかったのだろう。

*MAOA*遺伝子については、モノアミン酸化酵素Ａという酵素をコードしていることがわかっている[41]。この酵素はセロトニンや、それほどでもないがノルアドレナリン、ドーパミンといった神経伝達物質の分解と再利用に関与している。ヒトゲノムに含まれるおおかたの遺伝子と同じように、*MAOA*遺伝子が機能しているときは、誰もまず気づかない。ところがいったん機能しなくなると、予告もなく、あっという間に制御不能になる事態が生じる。

*MAOA*遺伝子は、オランダの遺伝学者、ハン・Ｇ・ブルンナー博士によって一九九三年に発見、報告された[42]。ブルンナーは、激しい暴力行為や衝動的な攻撃性を示す男性が多い家系に注目した。この家系の男性たちがそれほどまでに暴力的な行動をとる理由を、誰も正確には説明できていなかった。さらに、この家系の男性には多少の認知障害や知的障害も見受けられた。

ブルンナーが調べたところ、この家系で犯罪行動を起こす男性の*MAOA*遺伝子にはすべて同じ変異があった。この点変異は、三〇億文字からなるゲノムの長い暗号中の一個のヌクレオチド、つまりひとつの「文字」で生じていた。たったこれだけの違いで、*MAOA* 遺伝子産物の欠損を引き起こすには、ひいてはブルンナーが見た特異な行動を引き起こすにはじゅうぶんだった。ブルンナーの報告以降、研究者たちは遺伝子改変して *MAOA* 遺伝子をもたないマウスをつくり[43]、その結果、もっと攻撃的になることを発見した。ブルンナーが論文に記載した患者と同様に、遺伝子を改変したマウスからも、*MAOA* 遺伝子が行動に重要な影響を与えることを裏付ける証拠が得られた。

ほとんどの人の場合、*MAOA* 遺伝子は機能している。*MAOA* 遺伝子には低活性型（*MAOA-L*）と高活性型（*MAOA-H*）という二種類の多型があり、たいていの人はそのどちらかを受け継いでいる。圧倒的に多いのは高活性型のほうだ。*MAOA* 遺伝子の低活性型は *MAOA* 遺伝子産物の作用を遅くすると考えられている。つまりセロトニンなどの神経伝達物質が、高活性型ほど速やかには再利用されない。

MAOA-L、低活性型は一九九〇年代に「戦士の遺伝子」と呼ばれたことがある[44]。この呼称は誤りではあったが、現在、遺伝学の分野でも一般社会でも議論がないわけではない。低活性型の人は、反社会的行動や犯罪的暴力に走りやすくなると考える科学者もいる。人間を対象にした研究によると、低活性型の *MAOA-L* 遺伝子と、とくに小児期に虐待を受けていた人に見られる攻撃行動の程度や頻度との間には関連があることが明らかにされている。

MAOA 遺伝子はX染色体に存在するため、遺伝的男性はこの遺伝子のコピーをひとつしか受け

継いでいない。女性は、ふたつだ。ということは、*MAOA-L* 型を受け継いだ男性が不快に思う経験をした場合、極端な方法で応答する可能性は女性よりも高い。なぜならば、男性は *MAOA-L* 遺伝子の影響を調節するもうひとつのコピーをもっていないからである。

ポールは *MAOA* 遺伝子について調べはじめ、ブルンナー症候群を取り上げた論文を見つけたそうだ。そこで、もっと情報を得ようと遺伝子検査を依頼した研究所に直接尋ねたが何の進展もなく、ひとりで行き詰まっていた。おまけに *MAOA* 遺伝子を「サイコ遺伝子」と書いた論文も目にしたというのだから、[45] 彼が自分の遺伝的性質について悶々としていたのも無理はない。

ポールの日頃の振る舞いは、ブルンナーが記録した患者の極端な行動とは大きく異なっていた。とはいえ、ポールが自ら「爆発的な激しい怒り」と呼んでいた感情に絶えず手こずっていたことは私にもわかっていた。

今までのところポールはずっと、彼にいわせると「ハルク側〔訳注：アメリカン・コミックス『超人ハルク』の主人公ハルクは、憎悪の感情が高まると暴力的な巨人に変身する〕」の感情を何とかうまくあしらってきていた。「この点に関しては妻は最大の理解者でした。思い返すと、すぐにでも足を踏み外しかねない場面が何度もあって、もし妻がいなかったら私は何をしていたか、想像しただけでも恐ろしくなります」とポールは私にいった。ポールには、とりわけ自分がないがしろにされたと感じたときに、感情の爆発を抑えられなかった経験があり、この傾向は年齢とともに悪化していた。最近では、共同経営者たちがこぞって規模を拡大したいといいだしたときに、怒りがほとばしったそうだ。自分が気性を抑えられないのには、遺伝子が関係しているのではないかとポールは考えていた。

ポールは、ブルンナー症候群を受け継いでいる可能性についてどう思うかと私に問いかけてきた。私はしばらく考えてから答えた。「私は、そうは思いません……あなたは学校時代は優秀な成績を残しているし、仕事でも成功を収めていますよね。ですが、ブルンナー症候群の患者には認知障害や極端な行動症状を示す人が多いんです」

「検査結果は、つまり私が問題のある *MAOA* 遺伝子を受け継いでいるっていうことなんですか。たとえば、正常に機能していないとか」と、彼は続けた。

ポールの不安をひとしきり聞いてから私は、遺伝子検査の結果を予測アルゴリズムにかけてはどうかと勧めた。今、手元にある検査結果にはその類の情報が見あたらないので、手がかりが得られるかもしれない。さらに、ポールと同じＶＵＳが最近の科学論文で報告されているかどうかを調べてみるのも一案だと伝えた。ポールの検査以降に何か報告が出されていれば、その知見をもとに、彼のＶＵＳが意味するところをもっと読み解けるはずだ。また、追加で受けるとよいと思われる検査もいくつかあった。

それについては、まずかかりつけ医に生化学検査を頼んで、血液中のセロトニンと、*MAOA* 遺伝子の働きの指標となる神経伝達物質の分解生成物を測定してもらうことを勧めた。さらに、低機能の *MAOA* 遺伝子をもつ患者にフルオキセチン（商品名、プロザック）などの選択的セロトニン再取り込み阻害剤（ＳＳＲＩ）を投与したところ、症状が改善された事例を報告した論文も紹介した。[46] *MAOA* 遺伝子がうまく作用しないと、神経細胞間のシナプスではセロトニンなどの神経伝達物質の濃度が高くなる。したがって、この点を了解しておけば、ポールのような状態の人に、セロトニンをさらに増やすＳＳＲＩの投与は一番やってはいけない処置だとわかるはずだ。その一方では、矛盾しているように思えるが、ＳＳＲＩが症状を改善したという報告も実際にはある。

なので、「正直にいいますね、ポール。あなたの *MAOA* 遺伝子があなたの体でどんなふうに振舞っているのかは、本当のところは、はっきりとはわからないと思います」と私はいい添えた。

すると彼はさらに聞いてきた。「では、ふたりの娘はどうですか。何か心配するようなことはありますか」

「たぶん、大丈夫。*MAOA* 遺伝子はX染色体にあります。お嬢さんたちはコピーをふたつもっているので、万が一あなたから受け継いだ遺伝子が機能していなくても、きっと問題ないと思います。ブルンナーが説明していた、あの最初に見つかった家系で、同じく変異した *MAOA* 遺伝子を受け継いでいた女性もいたのに、男性だけが攻撃的だったのはこのためです」

「色覚の異常みたいなものですか。私は色覚異常なのですが、娘たちは違います」

「そうです」と私は答えた。「お嬢さんたちは別のX染色体をもう一本もっていることで守られています。お嬢さんたちの脳内の細胞は、正常に機能する *MAOA* 遺伝子をもつX染色体を利用できます。ポール、あなたは男性なのでこの類の選択肢がない、ということです」

ポールがもう少し確実な話を期待しているのは、ひと目でわかった。彼がさらに突き詰めたくなったときのことを考えて、私は一番よいと思われる進め方をおおまかに説明しておいた。数か月後、ポールのアシスタントから電話があり、うまくやっているとの伝言を受け取った。かかりつけ医が処方したSSRIが、彼が受け継いだ*MAOA*遺伝子の型に功を奏したのかどうかは、私には知る術はなかった。いずれにしてもポールの近況がわかって、私はうれしかった。

きわめて複雑な人間の行動については、遺伝子がどのように協力し合い、環境と作用してその影響をもたらすのか、正確なところはまだ明らかにされてはいない。ただ、状況が悪くなった場合にどうなるのかについては、かなりよくわかっていて予測もつく。男性の暴力行為や衝動行為を取り上げたブルンナーの研究はその一例だ。

ベトナム戦争で心に深い傷を負った仏教の僧で、ヴェト・トングという人物がいる。トングは低活性型の*MAOA*遺伝子の持ち主でもあった。彼が語った話に、行動遺伝学の全体像がまとめられているように私には思える。「人は誰でも良い面と悪い面をもって生まれてきます[47]。それが、私たち人間をつくっているのです。しかしながら、人生においてはすべてのものが絶対不変というわけではなく、私たちの未来は絶えず変化し続けています。今していることこそが、未来を左右するのです」

男性の場合は、遺伝子が彼らに配った手持ちのカードに対処するために、懸命に努力しなければならない場面によく出くわす。とりわけX染色体に存在する何百という遺伝子については、その多くが脳の形成と機能にかかわっているため、まさに当てはまる。ブルンナーが、彼が初めて報告した家系に見ていたのもこの場面だ。

男性と違って女性は、遺伝子に生まれつき組み込まれている方法で行動をうまく調節できることを、私はポールの一件で思い出した。男性の脳で使っているX染色体はすべて同一のものである。これが、男性にX連鎖性知的障害が多い理由だ。一方、遺伝的女性の脳では、二本のX染色体から得られる遺伝情報を使っている。男性が受け継いだX染色体で、もし行動に影響を及ぼす遺伝子――たとえばブルンナー症候群を引き起こす遺伝子――に変異があったら、その男性は発症を免れない。女性でブルンナー症候群の発症は、皆無ではないにせよまれだ。女性の脳ではX染色体を二本使えるおかげで、いずれかのX染色体に変異が生じた場合でも、それによってもたらされる悪い影響が弱められる。

女性には遺伝子レベルでの選択肢がある。このことが、遺伝的男性には自閉スペクトラム症、知的障害をはじめ、いくつもの発達遅延といった病気が多い理由を説明する根本的な仕組みだと私は考えている。遺伝的女性の脳では、異なる二本のX染色体が休むことなく働いているため、*MAOA* のような遺伝子に生じた変異にもうまく対処できる。

遺伝子レベルの選択肢と細胞の協力作業、XY男性はこの両方を欠いているために病気になり、本章であらましを説明したようなさまざまな厳しい状況に苦しむことになる。女性は多少のことでは揺るがない遺伝的素質をもっているので、男性ほどにはこういった病気にかかることはない。遺伝的素質のおかげで、女性は遺伝子レベルで格段に優れた選択ができるのである。

第4章

スタミナ

なぜ女性は男性より長く生きるのか

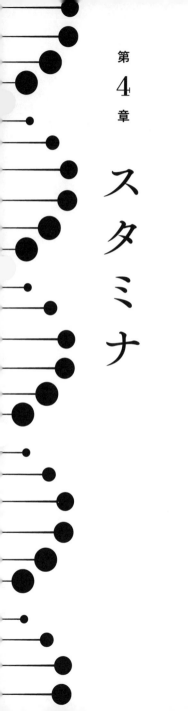

カナダはトロントの北にある集合住宅テラス・オブ・ベイクレストは、生き生きと暮らす高齢の人たちで賑わっている。ここの雰囲気にふれると、人生は短しなどとは思えなくなる。ベイクレストの施設では年中、健康的な活動がおこなわれ、楽しげなレクリエーションの予定がびっしり入っている。居住者の話では、もちろん充実感もあるが、さらにはこういった活動に背中を押されて、人生のこの時期に予想だにしなかった能力を伸ばせたりすることもあるそうだ。

人類がこれほど健やかに長生きしている未来など、私たちの祖先は想像しなかっただろう。さらに、ここベイクレストをはじめ世界各地の高齢者向け施設から得られるデータに目をやると、単なる長生きとはまた様子の異なる話が見えてくる。

私たちの平均寿命は長い時間をかけて確実に延びてきている。[1] たとえば日本は寿命の長い人口集団の代表格で、平均寿命は八四・二歳。短い国の代表、アフガニスタンでは六二・七歳前後だ。[2] それでも、平均寿命がわずか三五歳くらいだった一七世紀のロンドン市民に比べればはるかに長い。[3]*

高齢者の介護をめぐる状況が変化し、改善もされてきた現在、テラス・オブ・ベイクレストに足を踏み入れると、大事な点に気づくと思う。お察しのとおり。男性があまりいない。

いつの時代も、死はどちらの性別も等しく扱うものだと考えられていた。日々の苦労のあれこれに気をとられるあまり、死神がじつは男女を区別していた事実に誰も気づかなかったのだ。人類の歴史は、飢餓、疫病、戦争、あるいは気象災害に繰り返し襲われてきた。だが、どんなときも女性は男性よりも長生きをしていた。人類が災難――環境、病原体、あるいはその両方――に見舞われることなく過ぎた時代はほとんどなく、いつの時代であれ遺伝的女性は男性よりも長く生きていた。生命のはじまりにおいても、生命の終わりにおいても、そして生涯を通じても。

一六六二年に出版された『ナチュラル・アンド・ポリティカル・オブザベーションズ・メイド・アポン・ザ・ビルズ・オブ・モータリティ（死亡表に関する自然的および政治的諸観察）』[4]で、著者の英国人、ジョン・グラントは統計に基づいて、女性が男性よりも長生きをする証拠を初めて示した。グラントは趣味が高じて統計学と人口統計学の研究者となった人物で、ロンドンの全教会区の住民死亡記録を調べあげていた。

グラントの生きた一七世紀のロンドンでは、死者に事欠かなかった。大疫病（一六六五〜六六年）の際には、[5]ロンドン市民のおよそ四分の一が腺ペストで死亡したとされている。年によって疫病が流行したり、それほどでもなかったりする理由は誰にもわからなかった。疫病による突然の死を追跡して、流行の予測に役立てるために、[6]中年女性が数名あえて「調査員」の任務を引き受け、教会区での慈善活動の一環として近頃亡くなった人とその死因を特定する仕事についた。

＊当時のロンドンでは六〇歳代、あるいはそれを上回る人もいたが、乳児死亡率が高かったため平均で考えると、そこまで生きる可能性は低かった。

この業務は、当時は重要だった。腺ペストなどの厄災の前兆を市当局に伝え、注意を促すことにつながったからだ。さらに一七世紀の教会では調査した情報を、死亡するかもしれない可能性やその時期を知るためなら対価をいとわないロンドン市民に売っていた。死亡表と呼ばれたこの文書は必要なときだけ買ってもよかったし、割引価格で毎週定期購読もできた。[7] 死亡表には、教会区の信者名簿をもとに、毎週実施された埋葬と洗礼の数がすべて記載されていた。

印刷所のなかには、過去にペストが流行したときの死亡者数を発行していたところもあり、死亡者数が季節によって変動し、夏にピークを迎えることは明らかになっていた。また、これを毎週熱心にながめていれば、過去の傾向と最新の死亡者数とを比較できた。当時のロンドンでは、死がいい商売になっていた。今日、四半期財務情報を利用して資産内容の組み立てを決める人が多いのと同じで、当時の人にとって死亡表は、死神が戻ってきそうになるころに折りよく町から逃げ出し、死の魔手から逃れるためには意味のある投資だった。

グラントも死亡表のデータを利用して男女について分析をしたところ、平均寿命にかなりの開きがあることを突き止めた。グラントが死の記録をつぶさに調べはじめたころ、男女で寿命に差があるとは誰ひとり思っていなかった。男女ともに平均寿命は三五歳あたりで推移し、しかも人生のどの場面でも決まって男性のほうが女性よりも恵まれていた時代にあって、そんなことがあるだろうか？　結局のところ、性別を比べれば男性のほうが強くて健康だと、みんなが思い込んでいたのだ。

一七世紀、英国のエドモンド・ハレー（彗星の再出現を予言し、現在、その彗星には彼の名前がつけられている）もグラントと同じく寿命に着目し、[8]一六九三年に『フィロソフィカル・トランザクションズ・オブ・ザ・ロイヤル・ソサエティ（王立協会哲学紀要）』で独自の研究成果を発表した。ハレーの生命表は、ブレスラウ、現在のポーランドはヴロツワフの一六八七年から一六九一年までの人口動態統計に基づいていた。ハレーはグラントとは違い、男性と女性の生存者数を合わせ、年代ごとの全生存者数は年齢が上がるにつれて減少することを示した。

ハレーの論文は、生命保険の売り手は購入者の年齢を考慮しなければならないことを明らかにし、人口動態統計の発展にきわめて大きな貢献をした。[9]ハレーの研究は当初は見向きもされなかったが、数十年がたったあたりでようやく、利益を考えたら、高齢者を別扱いするほうが得になることが認められるようになった。余命の短い人たちが保険証書を購入しすぎると、生命保険を売る側が破産しかねないと、いよいよ周知されてきたのだ。

グラントが報告した男性と女性の生存分析に関する知見もいつしか受け入れられ[10]、生命保険を商売にしている人に利用されるようになっていた。[*]年齢だけでなく、性別も重要な問題だった。

世界中どこを見わたしても寿命は必ず女性のほうが長い[11]。日本では女性は平均で八七・一歳まで生きるのに対して、男性は八一・一歳。アフガニスタンでは男性は平均で六一歳、一方、女性は六

＊寿命に関して性別による違いを理解し受け入れることは、生命保険を販売する会社にとっては利益につながる。とくに、保険の掛け金が死亡の可能性によって決まる場合、影響は大きい。この点に該当するのは、ＥＵ域外で営業している保険会社である。現在ＥＵでは、生命保険の掛け金の性別による区別は違法とされている。

四・五歳だ。世界でもっとも長生きをしている人たち、スーパーセンテナリアン——一一〇歳以上の人——の九五パーセントは女性。女性のほうが優位に生存することは疑いようがない。

長い人類の歴史を通じて、女性のほうが優位に生き延びた事例はたくさんある。マルグリット・ド・ラ・ロックの話もそのひとつ[12]。マルグリットは二六歳の年に、生涯忘れえぬ旅に出ることになった。一五四二年四月にフランスを出航して現在のカナダに向かう。親戚のジャン＝フランソワ・ド・ラ・ロック・ド・ロベルヴァルが船長の船旅だった。マルグリットはフランスでの生活をあとにして、まったく新しい世界で再出発をしようとしていた。その胸によぎったであろう並大抵ではない興奮と不安は、気軽に世界中を旅して回れる今日からは想像できない。

フランスを出てしばらくは何の問題もなく船は進んだ——この手の旅につきもののさまざまな危険を考えるとそれは上々といえた。ところが、マルグリットが乗客と恋仲になり、事態はややこしくなった。カナダの沖合まで来るとロベルヴァルは罰として、マルグリットをやせた土地の広がる島に置き去りにした。フランスの船が去ったあと、マルグリットの傍らには恋人と、ダミエンヌという名の忠誠心の篤い召使いが残った。ふたりとも、マルグリットをひとりでは死なせまいと自ら島に降り立ったのだ。ロベルヴァルは、マスケット銃一丁と、多少の食糧を三人に与えておくよう指示した。そうしておけば、彼女たちに対して死刑宣告にも等しいことをした自分の行為が許されると思ったのだろう。

ロベルヴァルが自分の親戚筋やそのまわりの人間になぜ、こんなに残酷な仕打ちをしたのかについては、彼が密かにユグノー派（カルヴァン派）教徒でありその教えに忠実であろうとしたから、あるいは金銭に目がくらんだからなど、さまざまな憶測がある。金銭欲は、おそらく間違いないと思われる。というのも、ロベルヴァルはフランスに戻るとすぐに、マルグリットが死んだといい通し、彼女が相続したいっさいの財産を請求する手続きを進めたからだ。

セントローレンス湾の入口にある、岩だらけで住む人のいない小島には、見捨てられた三人しかいなかった。彼女たちがこれから住まう土地は食べ物も避難場所も見つけられそうにない、悪魔島（現在のベル島と考えられている）の名前にふさわしい場所だった。ロベルヴァルから与えられた食糧はすぐに底をつき、マルグリットも恋人も召使いも空腹に苦しみはじめた。そのうえ、食べさせなければならない口がもうひとつ増えることになった。マルグリットのお腹には新しい命が宿っていた。

まず恋人が、続いて召使いが息絶えた。島に取り残されたマルグリットは生まれて初めてひとりっきりになった。誰の手も借りずに何とか子どもを産み、しかも奇跡的に母子ともに助かった。だが、それもつかの間だった。母乳が出なかったため、生まれたばかりの男児はわずかひと月で亡くなった。しかし、マルグリットの人生はこれで終わりではなかった。

それから三年がたち、マルグリットは、沖を通りかかったバスク地方の漁師たちに助けられた。

彼らが見つけたときのマルグリットは、自分で撃ち殺したクマの毛皮をまとっていたと伝えられている。こんなにも荒れ果てた土地でこんなにも長い間、ひとりでどうやって生き延びてきたのか、漁師たちにも見当がつかなかった。

ロベルヴァルには早々に天罰が下った。ユグノー派の秘密集会から帰るところで、ロベルヴァルは殺気だったフランスカトリック教徒の集団に行く手を阻まれた。そのまま襲われて、殴り殺されたそうだ。マルグリットのほうはフランスに戻り、少女のための学校を開いた。

もうひとつ、女性のほうに生存の優位性があることを示す事例として、ドナー隊の物語がある。[13]こちらも同じくらい衝撃的だ。この話の大筋は知っている人も多いと思うが、詳しく見ていくとなかなか興味深い。イリノイ州からカリフォルニア州まで、冬に向かって幌馬車で移動をする計画に、開拓民ドナー隊の何人かは出発前から強い不安を口にしていた。彼らの懸念が見通していたかのように、一八四六年一〇月一日、八七人を擁したドナー隊はシエラネバダ山脈の荒野で猛吹雪に襲われ、足止めをくらった。

特筆すべきは、女性のおよそ二倍の数の男性が命を落としたことで、女性が二八パーセントだったのに対して男性は五七パーセントだった。しかも男性のほうが早い段階で亡くなっていた。ドナー隊が陥った状況を考えると、生き残った人がいたことにはただ驚くほかない。食べ物は底をつき、悪天候にさらされ、なかには忌まわしい人肉食に助けを求めた人もいたという。

荒れ果てた島で生き延びたマルグリット、ドナー隊の旅で生き残った女性たち、それにグラントの人口動態統計、どれも遠い昔の話のように思えたかもしれない。ではここで、個別の生存物語や昔の人口統計から離れて、最近の集団内や集団間における生存の傾向を見てみよう。

ソビエト連邦が現在のウクライナを支配していた時代は、ヨシフ・スターリンの指導により集団化政策がとられていた。それは個人で経営する農家をなくし集団農場に置き換えることで食糧生産を増やし、ひいては都市労働者に農産物を供給することが目的だとされていた。

結果は、人間の手による人口の激減という、現代史のなかでも最悪の事態を招いた。食糧生産が増えるどころか、恐ろしいまでの大飢饉が起こったのだ。現在のウクライナの一部がとりわけ大打撃を受け、一九三二年から一九三三年の間に推定で六〇〇万から八〇〇万の人が亡くなった。集団化という、ソ連の大変革が招いた苦難に大勢の人があえいでいた、そのような状況でも男性よりも女性のほうが長生きをしていた。この災厄に見舞われる前のウクライナの平均寿命は女性は四五・九歳、男性は四一・六歳。[14] 大飢饉のあとは、恐ろしいことに女性は一〇・九歳、男性は七・三歳まででいっきに落ちた。何かお気づきだろうか。

世界のどこを見ても高齢の女性が圧倒的に多い事実をもう一度考え合わせてみると、女性のほうに生存の優位性があることは間違いない。

以前は、男性が若くして死亡する原因は行動にのみあると考えられていた。現在は、女性のもつ生存の優位性は生まれる前からはじまっていることがわかっている。教育や経済的要因、あるいはアルコール、ドラッグ、煙草の摂取にかかわらず、生存については依然として女性のほうが優位にある。遺伝的男性は遺伝的女性と比べると筋肉量は多く身長も高い。[15] 体の各部位のサイズも大きいし、体力もある。ところが身体に降りかかる困難を乗り越える場面では、たいていは女性のほうが遺伝的男性よりももちこたえる。

もちろん、危険を冒す行為など、遺伝的性別によって行動の違いはたしかにある。だが、これがすべてではない。一九世紀から二〇世紀前半にかけてユタ州で暮らしていたモルモン教徒、酒も煙草も控えていた彼らのデータから、信者の女性は男性よりも長生きをしていたことがわかる。[16] モルモン教徒の女性が産む子どもの平均数は一般の女性集団よりも多い。つまり妊娠するたびに死亡する可能性が高くなっていた時代であるにもかかわらず、そうだった。

危険な職業に就いている男性の数は女性よりも多い。[17] 米国連邦労働統計局によると、二〇一一年から二〇一五年までの全労災死亡の九二・五パーセントが男性だった。ところがドイツの修道院で生活するカトリックの修道女と修道士、一万一〇〇〇人を超えるデータ——サンプルサイズとしてはかなり大きい——を調べた研究では、生存については女性のほうが優位だった。[18] 一八九〇年から一九九五年の死亡データを利用してバイエルンのカトリック修道会に所属する修道女と修道士を、一般のドイツ人集団と比較したところ、これもまた寿命は女性のほうが長かった。修道士は比較的閉じた共同体内で生活をしていて、平均的なドイツ人男性が経験しているような仕事、あるいは生活上の危険因子にさらされることがなかったにもかかわらず、だ。生存、発達、加齢については、どう考えても単なる行動よりも、染色体に基づいて男女間にへだたりをもたらす仕組みのほうが根本のところで大きくかかわっている。

この惑星に暮らす人間の一生は、過酷のひと言に尽きる。山あり谷ありの人生という道をマッスルカー〔訳注：高出力のエンジンを搭載し、高速運転のために設計された、米国製のツードア・スポーツカー〕とハイブリッド車のいずれかで走り抜けるとする。一方は短い運転時間で、もう一方よりも早く目的地につける。だがマッスルカーには馬力はあれど、難行苦行の続く人生を走り続けるには、燃料効率や維持費といった点からスタミナ不足は否めない。女性には、スタミナがある。女性は男性と違って、「沈黙した」不活性なX染色体という、いわば遺伝的燃料を使うことができる。

第1章で述べたように、女性の場合、細胞ごとに一方のX染色体しか利用していないというのが、ほんの数年前までのおおかたの理解だった。男性と同じ、ということだ。もう一方の染色体は*XIST*遺伝子によってほぼ抑制され不活性なバー小体に変わると考えられていた。現在では、そうではないことが明らかにされている。脱出奇術の名人よろしくX染色体不活性化の鎖を抜け出した女性には、二本のX染色体がもつハイブリッドのパワーが加わり、これを手に生き延びることも成長していくこともできる。沈黙したX染色体の遺伝子とはいうけれども、それほどひっそりとおとなしくしているわけではない。

女性の二本目のX染色体はおとなしいどころか精力的に働いて、女性の全ライフサイクルを支える。X染色体の不活性化から抜け出した遺伝子が、不活性化していないもう一方の姉妹X染色体を必要に応じて助けている。すぐあとで紹介するが、生命に難題が降りかかったとき、これを切り抜けるには遺伝的スタミナが一番効いてくる。

「沈黙した」不活性化X染色体にある一〇〇〇個の遺伝子のうち二三パーセントは、じつは活性を示す[19]。女性の各細胞内には、大きな遺伝的馬力が蓄えられているのである。

女性の一個一個の細胞では、この数百の遺伝子を含む遺伝物質が必要に応じて使われる。ハイブリッドカーの例えでいうと、ガソリン駆動の内燃エンジンではなく、電気駆動エンジンのほうが効率がよいときもある。生存を目的とする人生においては、女性がもっているような遺伝子レベルの選択肢が大きく効いてくる。ここで、男性の細胞と女性の細胞の違いは決定的だ。どの女性の細胞も必要が生じたら、数百からの重要な遺伝子を擁する遺伝的蓄えに頼み込めばよい。男性は、そうできたらと望むのみ。

私はこれまで二五年ほど、差次的遺伝子発現〔訳注：周囲の状況に応じて、細胞のもつ多数の遺伝子のうちのあるものが選ばれて転写され、遺伝形質を発現すること〕の影響と、遺伝物質の利用について研究をしてきた――ヒトだけでなく、ミツバチからトマトまでさまざまな生物を対象にして。環境の変化や微生物の攻撃に見舞われたとき、対応したり克服したりする能力は、深部の遺伝子資源にまでたどりついて利用できるかどうかにかかっていることを確認した。この能力が生と死、あるいは存在と絶滅を分かつこともある。

女性が男性よりも長生きをする理由を真に理解するために、人類の短い歴史のなかで気象や気候の著しい変化が人間集団に影響を及ぼしてきた様子を、簡単ではあるが少し掘り下げてみたい。私たちの祖先は何千年、何万年の間、来る日も来る日も困難に直面していた。このような困難を生き延びるには、いっそうのスタミナが求められた。

人類の歴史を通して、あらゆる文化、世代において唯一変わらないのは、誕生と死と飢餓だ。ヒトは生命を維持する栄養を別の生物に頼り切っている。これはつまり、私たちは無力であり、やっとのことでものを食べて命をつないでいることを意味する。現在でも地球上のどこかでは、依然として今日食べる物にも困っている人がいる。推定によると、一〇人に一人が飢餓状態にあり、そのほとんどが開発途上国で暮らしている。

時代や場所を問わず、人類はカロリーをめぐる何らかのの災難にたびたび見舞われてきた。歴史を振り返ると、これらはほとんどの場合、局所的な気象の変化や、もう少し規模の大きな長期の気候変動が原因で起こっている。私たちはただただ必要に迫られて、空腹による苦しみをできるだけ抑え、深刻な飢饉を生き抜けるように進化してきた。

私たちの祖先は好き嫌いなどいっていられなかった。食べ物とあれば何でも見つけ次第、口に入れた。人類はその歴史がはじまって以来ほとんどの期間、近場でとれたものを食べ、季節ごとに違う食材を手に入れていた。太古の昔から生きるか死ぬかの困難にぶつかり、しかも有利な状況に出くわすことはめったになかった。苦況に耐えて生き残るには、小さな集団で資源を分かち合う方法を考えなければならなかった。

一万年ほど前、人類を取り巻く状況は劇的といってよいほどに変わりだした。[20] まったくの狩猟採集――いっさいの食糧を野生の植物や動物から得る生活――から農耕や牧畜へと移りはじめた。それまでなかった農耕技術や育種方法を利用して自分たちの食べる物を絶やさずにつくるには、並大抵ではない努力を払わなければならなかった。とりわけ最初のころは、ちょっとした判断の誤りが飢えや死を招きかねなかった。

さらに、農耕を営むには一年を通して定住しなければならない。新しいことを試みるときはいつもそうだが、農耕でもよい結果を出すまでに少々時間を要した。私たちの祖先は、多大なる努力を重ねてようやく自分たちの暮らす土地で成功を極めた。つまり、食糧を余分に貯蔵できるまでになった。

農耕生活に移る前から、人類は火を使いこなして食材を調理していた。[21] 農耕が発達した今や火のおかげで穀物や塊茎類が貯め込んでいるカロリーをさらに解き放てるようになった。どれも以前の原種のままでは消化しづらかった。こうして余分のカロリーを摂取できるようになると、子どもがたくさん生まれる――人間は飢餓状態になければ繁殖力が増す。食糧生産が順調に進むにつれて、地球には子どもが増えていった。続いて、食糧生産の変動に対して人間は敏感に反応するようになり、それに伴って被害の規模が大きくなっていった。そうしてここにひとつの循環がはじまった――私たちは今でもその循環に堅く結びついている。この循環は当分続くだろう。

現在のグローバルな食糧供給網に主として影響を与えている支配的な変数は気象だ。局所的な気象の変数に生じる急激な変化が、たとえば降水量が多すぎても少なすぎても途方もない規模の飢饉をもたらしうる。今日、何十億もの人間に栄養豊富な食事を欠かすことなく提供する仕事は、決して簡単な話ではない。この難問を解決したいという動機もあって、私はジャガイモなどの植物も長年研究している。植物の研究を通して、食糧の栄養を最大限利用できるように改良するにはどうしたらよいかを模索中だ。

グローバル化した食糧供給網が出現する以前に私たちの祖先が食べていたものから見ると、近所のスーパーで手に入る食材の大半はそれらのほんの一部でしかない。ニンジンにしろリンゴにしろ、私たちの祖先は一品種しか食べていなかったわけではない――どの作物も百とはいわないが数十からの品種が栽培されていた。

現代の問題は厳密には生産量にだけあるのではない。摂取カロリーあたりの栄養価の低さもかかわってくる。私たちに必要な食事の量と遺伝との関係は複雑だ。人類が進化してきたなかで立ち向かわなければならなかった困難を考えると、今日の私たちは短い期間ならば、栄養価があるかないかの食べ物でも何とか生きていける。トゥインキーズ〔訳注：スポンジケーキのような菓子。ジャンクフードの代表格〕しか食べていなくても、体重は減りこそすれ生き残ることは不可能ではない

――お勧めはしませんが。

私は、過酷な環境に生息する植物や昆虫の遺伝的能力も研究している。そのため必然的に世界各地の、観光地からはほど遠い場所へたびたび足を運んでいる。プロジェクトを立ち上げへんぴな土地を訪れたあと、ほんの数年おいて再び訪ねると、もとの地形が私にはほとんどわからなくなっていることがある。大地が鋤《すき》でひっくり返され、作物が植え付けられている。あるいは新しい家が建っている。数千年前に、生き物をうまく飼いならせるようになって以来、土地をどんどん求めて、はるか彼方を目指すことが人類にとってはあたり前になっていった。

華々しい成功の例に漏れず、農業の場合も話はややこしい。世界各地で原生の森林やジャングルが切り開かれ、ときにはほぼひと晩で焼き払われている。生物の姿が消えた水域もたくさんある。すべては私たち人類に食糧を確保するためだ。人々を食べさせていくために、物事はこんなにも速く変化するものかと私は驚いている。また、じゅうぶんな水や日光を手に入れられるかどうかは、局所的な季節ごとの気象に頼り切っている。この事実から、私たちはややもすると目をそらす。気象状況がほんの少し乱れただけでも、災いはすぐに起こりうるのに。

気候と農業のつながりは、世界各地に残されている遺跡を見るとよくわかる。そのひとつが、ペルーはリマの北一〇〇マイル（一六〇キロ）ほどのところにあるユネスコの世界遺産、聖地カラルスーペだ。五〇〇〇年前のこの遺跡には、南北アメリカ最古の文明の中心地と考えられている都市の遺構がある。六基のピラミッドは、元は地震に耐えられるようにつくられていた。これまではほぼびくともしなかったが現在は少しずつ崩れ、数千年前に築かれたときと同じく砂漠に戻っている途中にある。

その事実がよけい寂しさをつのらせる。かつてここに暮らしていた人たちは、みんなあわてて去っていったようだ。世界中の多くの古代遺跡と同じように、気候変動や気象変化に伴い食糧供給が乏しくなったためにこの都市も突然捨てられたというのがおおかたの見方だ。つまり、食糧が底をついたり、川が干上がったりすると、選択の余地がなくなる。去るか、死ぬかだ。

私たちの体では、一日のエネルギー要求量が満たされなくなると、あっという間に飢餓が進んでいく。動物は生き延びるために必要な食糧を見つける戦略を身につけている。その代表的な戦略が移動だ。とはいえカロリー豊富でたわわに茂る草を求めて動き回る戦略がまんまと成功するのは、青々と茂る草をたしかに食べられる場合に限られる。

私たちヒトが、食欲旺盛な動物の一種であることに間違いはない。まるで、かつて祖先を襲った飢えによって底なしの腹がつくりだされ、これを飽くなき食欲で満たそうとしているかのようだ。だから、生き残っている人間は大食漢ばかりなのだともいえる。ヒトという生物種は移り気で忘れっぽいが、決して許すことも忘れることもできない出来事がひとつある。それが飢餓だ。忘れようとしても、すぐにまたあらたな飢饉が現れて古くからの物語を繰り返していく。私たちに貪欲な食欲が許されるのは当然の成り行きともいえる――文字どおりＤＮＡに組み込まれているのだ。

動物は植物やほかの動物を食べて生き延びているため、その生死は循環している食糧を入手できるかどうかに左右される。食糧供給をめぐる状況はいうまでもなく局所的な気象や気候のパターンと結びついている。食糧がじゅうぶんにない場合、何かしら食べる物を確保するには第二の生存戦略を実行するに限る。ここでかかわってくるのが、食べ物の貯蔵だ。

地球上のどの生物にも、それぞれのエネルギー貯蔵戦略がある。ジャガイモは葉の内部で光合成によってエネルギーをデンプンの形に変え、腹を空かせた動物に見つからないように地下の塊茎に貯蔵している。ミツバチ（学名アピス・メリフェラ *Apis mellifera*）は蜜をつくって蓄える――花を利用できなくなる冬期間でも食べる物に困らない。

食糧不足が長引く場合、私たちの体は飢餓状態に入るとすぐに、エネルギーの使用量を減らすために消費量を制限しはじめる。つまり代謝を遅くしてエネルギーの消費を抑える。これは、女性も男性も用いている生存戦略である。体重を永続的に減らすことにみんな苦戦するのは、このような生存戦略も一因だ。私たちの体は文字どおりカロリーを倹約するように進化してきた。体に入ってくる食べ物の不足する時間が長くなるほど、エネルギーをゆっくり消費して帳尻を合わせていく。だから、最初は比較的、体重がぐんと落ちやすい。いったん落ちてからは、最初と同じような調子で減量していくのに相当の努力が求められる。

ほかの動物と同じくヒトも、食べ物が手に入るときはいつも余った分を脂肪として体内に貯蔵する。食糧が手に入らなくなると、私たちの体はこの脂肪を食べる。平均的な女性の体脂肪は、同じ身長体重の男性と比べると四〇パーセントほど多い。女性は、大腿部や臀部（腰回り）に脂肪を蓄える傾向がある。一方、男性は、筋肉量の割合が女性よりも多い。筋肉はとても役に立つことが多いが、増加すると生きていくのにもエネルギーを要する。男性の体が機能するためには、同じ体重の女性に比べてカロリーが必要となる。したがって食糧がなくなると問題が起こる。

女性は筋肉量が少なく、安静時代謝率も低いため、遺伝的には男性よりも積極的に倹約する能力をもっている。カロリーが足りなくなれば、体に蓄えた余分のカロリーがここぞという働きをする。女性が男性とは違い、食糧不足の時期を生き延びるのにはこんな理由もあるのだ。

昔から農民は、少しでも生産量を増やすことが重要だとはわかっていた。だが短い栽培期間で生産できる量を自在に操る作業は、そうそう簡単ではない。たとえばスウェーデンでは、夏は日照時間は長いが、栽培期間は短い。何ごともなければ実り豊かな土地だが、太陽の出ない日が何日か続く年は凶作に見舞われ、あっという間に飢饉へと続く。

一七七一年の夏、まさにこのような事態が起こった。[22]スウェーデンだけでなく、ヨーロッパ各地でも同様だった。この年はいつもとは違う天候が続いたため広い範囲で穀物が不作になった。翌年、さらにその翌年になっても収穫量はそれほど回復せず、食糧価格が高騰し、状況は悪化した。栄養不良が感染症の蔓延を招き、赤痢が人口減少に輪をかけた。ところが、飢饉や疫病に見舞われた禍々《まがまが》しい時代でいつもそうだったように、このときも女性は男性よりも長く生きた。

一八世紀後半のスウェーデンを襲った災難に関してほかの国と違っていた点は、発生時期にほぼ正確で完全な人口動態登録制度が整っていたことだ。死亡登録や住民データも含まれていた。[23] スウェーデンが飢饉に見舞われる前、平均寿命は女性は三五・二歳、男性は三二・三歳だった。飢饉のさなかになると、女性は一八・八歳、男性は一七・二歳まで下がり、飢饉を脱すると、女性は三九・九歳、男性は三七・六歳まで上がった。このスウェーデンの死亡記録を見れば数字のうえから確かに、女性のほうが生存に優位だとわかる。

災難に襲われると、女性は生物学的能力と生理学的スタミナを発揮して耐え抜く。しかも、これは成人女性が成人男性よりも長生きをするという話にとどまらない。スウェーデンの一八世紀の正確な人口動態データを研究者が調べたところ、乳幼児でも男児よりも女児のほうが生き残っていた。まさに、私がターン・ナム・ジャイ孤児院やＮＩＣＵで目のあたりにした、幼い女の子のほうに生存の優位性があった事例と同じだ。

生き延びる力とスタミナの遺伝的な基盤については見てきたので、今度は長寿の遺伝的な基盤にまで議論を広げて説明しよう。女性や、ジャガイモなど少なからぬ植物は長寿の遺伝的基盤に支えられて、生命にかかわる試練を生き抜くのに欠かせない耐える力を備えている。

植物は困難に見舞われると、ヒトと同じような方法で対応する。厳しい状況下で頼みの綱となるのは並外れた遺伝的能力だ。植物のなかには、自らのための食糧源をデンプンの形でしまい込んで対応しているものもある——ヒトが脂肪を貯蔵する仕組みの植物版だ。

ジャガイモそのものははるか昔、人間に食されるようになるまではジャガイモという植物体に食べられる運命にあった。塊茎には、生育期に光合成によってつくられたエネルギーが貯め込まれているからだ。生育期を過ぎると地上部は枯れる。だがジャガイモの塊根の役割は単なるカロリー貯蔵装置では終わらない。そこが私たちの脂肪とは異なるところだ。地下の、いわばカロリー・フードバンクに貯め込んだエネルギーをすべて使って、塊茎から次世代のジャガイモが育っていく。そのあとは同じことが繰り返される。先の生育期につくったエネルギーを、次の代に使うために一部残しておいて、生存する確率を高めているのだ。

植物が簡単にはできないこととといえば、移動だ。ほとんどの植物はじっとしたまま動かないので、鳥類のようにほかの場所へ飛んでいくという選択肢は植物にはない。したがって、植物は独自の能力を進化させて、生命を脅かすストレス要因に対処するようになった。植物が生き延びられるのは、ある種の応答能力をもっているおかげだ。植物は遺伝子の機構を絶えず微調整して、日々変化する環境に適応しながら生き延びている。

たとえば水の量を制限してジャガイモを栽培すると、ストレスにより抗酸化物質であるカロテンの生成量が増えることを私は自分で確認している。このように遺伝子レベルで応答した結果できたものを私たちは食べて、私たちの健康に役立てている。葉野菜を含むさまざまな野菜の抗酸化物質はこういったストレス応答に由来している。私たちは、生命を脅かすストレスに対して遺伝子レベルで応答した植物を食べ、その恩恵に与《あずか》っているのである。

7月の半ば、私はペルー側からアルティプラノ高原に入り、ジープの助手席で跳ねながら標高一万五〇〇〇フィート（約四六〇〇メートル）の地点をゆっくり目指した。アンデスの懐深くまで分け入って、ジャガイモが地球の頂上近くで生育することで被る困難に対して、遺伝的にどう対応して生き延びているのかを研究する予定になっていた。

古代都市クスコから二時間ほどのドライブだった。その間じゅう、世界でもまれなる農業地帯に着くまで、運転手兼ベテランガイドのアレハンドロとたっぷり話をした。山の斜面の恐ろしく細い道をくねくねと登っていくと、谷底を埋める錆びた自動車の残骸が目に入り、よくない事態が一瞬で起こりかねない状況にいると気づく。

先進国のスーパーマーケットで扱っているジャガイモはせいぜい五、六品種のところがほとんどだ。だが利便性を旨とする単一栽培の世界の外に出ると、科学的に確認されているジャガイモの品種はじつに五〇〇〇にものぼる。その大半がここアルティプラノ原産だ。どこかで誰かが食べた、どのジャガイモも、祖先をたどるとペルーのこの地域に行き着く。

私がとくに気になったのは、とりわけママ・ハサ（成長の母）という品種が高地の極端な環境でさかんに育っている事実だった。ここから、厳しい状況や環境に耐えるヒトの能力について何かわかるのではないだろうか。厳しい環境を生き抜くためにジャガイモが遺伝的に対応しているのだとしたら、それを手がかりに私たちも同様の遺伝的能力を自分のなかに誘導する、そんな未来が見えるかもしれない。

アレハンドロは片手でハンドルを握り、道路から目を離して、声を弾ませながら助手席側の窓を指差した。「見て、見て――あそこ……わかる?」

私はまぶしい日差しを避けて目の上に手をかざしていた。この標高で浴びる紫外線の量は平地よりも三〇パーセント多い。余計な紫外線が私のDNAに何やらしてるのではないかと、つい案じていたのだ。朝、出がけに日焼け止めを塗るのを忘れていた。一日中、紫外線にさらされたおかげで、私の皮膚の細胞や網膜では数え切れないほどのDNAが切断されているかもしれない。この時点で標高は一万三〇〇〇フィート(約四〇〇〇メートル)をゆうに超えていた。私は目を細くして、アレハンドロが指さしたあたりを見た。やや小さめの区画に、どこにでもありそうなジャガイモが植わっていた。ほかには何も生えていなかった――木も低木もあまりなかった。アレハンドロによると、最近植え付けられたばかりの畑だった。この標高のこんな場所で見かけるのはアレハンドロも初めてだという。

ジャガイモは当地では新しい作物ではない。八〇〇〇年も前から栽培されていて、インカ帝国をはじめとする壮大な古代帝国にカロリー燃料たる炭水化物を提供してきた。

栽培種のジャガイモ（学名ソラヌム・ツベロスム *Solanum tuberosum* L.）は太古の時代から今日の私たちにとってもずっと変わらず、生き延びるためになくてはならない作物だ。[24] 現在は世界中で、穀物以外の作物でもっとも重要とされている。ジャガイモは分類上はナス科に含まれ、ナス、トウガラシ、トマトと近縁の関係にある。

ジャガイモはほかの作物とは異なり、それまでの種子がなくても栽培できる。どこに植えられているジャガイモにもジャガイモそのものが使われている。このようなジャガイモを「種芋《たねいも》」という——前の年に収穫したものだ。収穫量を上げたければ、作付けする数を増やせばよい。

このような栽培方法のため、ジャガイモの植物体はいつも親と同じＤＮＡをもつことになる。見た目も味もほぼ変わらない。とはいえまったく同一というわけではない。ジャガイモの植物体は、植わっている場所から受けるやっかいな問題に対応しているからだ。植物は、たとえば同じ生物種でも標高の高い場所で育つものほど、小さくて厚い葉をつけることがある。

アルティプラノの標高で育つジャガイモは、ほかの場所とは異なる問題に生命を脅かされる。これに対応するため当地のジャガイモは、日焼け防止剤の働きをする化合物を自らたくさん生成する。利用できる抗酸化物質が多いほど、過剰な紫外線から身を守ることができる。

「ただのジャガイモ畑じゃない……びっくりだ。こんな高い場所で育つジャガイモなんて見たことがない。初めてだ」とまるで私の心を見透かしたようにアレハンドロがつぶやいた。さらにアレハンドロはこんなことを私にいった。ここ一帯の微気候は変わり続けていて、とくにこの場所は暖かくなってきているため、以前よりも標高の高い場所でもジャガイモを植えられるようになった、と。気候が変動しているおかげで利用できる農地が増えているとはいえ、気温上昇にともなって湿度がどう変わるのかはまだわからない。したがって、将来も農業を続けられるかどうかは不明だ。アレハンドロによると、標高の高い場所では乾燥しすぎて農地には利用できなかったために、もっと低い場所に移らざるを得なかった農家もいたそうだ。

ジャガイモの世話をしている農家の人に話を聞くために、アレハンドロは車を脇へ寄せ、空き地に停めた。だがこの高度では、私は車に乗り降りするだけで息を切らしていた。アレハンドロは作業をしている人たちに走り寄り、あらかじめ私が用意していた質問をスペイン語で次から次へと浴びせかけた。しばらくあってから、大きな声で「おーいシャロン！」と私を呼んだ。

高山病に見舞われて体を思うように動かせなかった私は、一〇〇フィート（約三〇メートル）ほどしか離れていないのに、もがきながらアレハンドロのほうに向かった。腹の張り、ずきずきする頭痛、激しい息切れのトリプルパンチに襲われていた。一歩進むのに、とてつもない労力が要った。

苦しんでいる私に気づいたアレハンドロは、それ以上動かないようにと、今度は大げさに手を振った。その左右の手には、掘りたての色鮮やかな塊根が一個ずつ握られていた。「ほら、見つけたよ。プーマ・マキだ！」。やった。頭からずっと離れなかった、高所で育つジャガイモが、今、目の前にある。私はアレハンドロの立っている場所までやっとの思いでたどりついた。

プーマ・マキは「プーマの足先」を意味する。このジャガイモは忍び寄りで狩りをする大型ネコ科動物の足先に形が似ている。アレハンドロはポケットナイフを取り出して、生の塊根を切った。外皮は濃い紫色をしていて、内部はクリーム色、外皮よりも濃い紫色のきれいな筋が何本も入っていた。

私は濃い紫色のジャガイモ、プーマ・マキを手にとって、染色体は何本だろうと考えた。野生のジャガイモと、ヒトは二倍体生物である。つまりどちらも、細胞の核に各染色体を二本（二コピー）ずつもっている。

これに対して栽培種のジャガイモは高い[25]「倍数性」（細胞中の染色体のセットの数を意味する）をもつことがあり、その数は品種によって異なる。ヨーロッパと北米の食卓にのぼるジャガイモには、各染色体を二コピーではなく四コピーずつもつ四倍体が多い。なかには六倍体のジャガイモもある。つまりジャガイモは各染色体を六コピーももつことがある。

倍化する植物――ジャガイモ、コムギ、タバコなど――もあるし、倍化しない植物もあるが、その理由は今のところよくわかっていない。何か恩恵でもあるのだろうか。同じ染色体のコピーがたくさんあると、遺伝子レベルで多様性が広がる。同時に、これは有害変異からの防御にもつながる。脊椎動物では、生存を支える遺伝情報を多く利用できることが、生存の優位性に直接つながっていることを示す事例はあるのだろうか。

もちろん、ある。ＸＸ染色体をもつ女性だ。これゆえに、ＸＸ染色体をもつ女性は、人生のどの時点においても男性よりも優位に生存する。二〇世紀に集産主義を掲げた指導者が招いた飢饉であれ、劣悪な生活状況から広がった疫病であれ、あるいは生活を営めなくするほどの環境の激変であれ、どんな危機的状況であろうと、女性のほうが生き延びる。

女性に見られる生存の優位性は、人類の遺伝の歴史をさかのぼり、男性にはない道具を各種使える能力を遺伝的女性がもっていることと直接結びついている。女性が人生をうまく生き抜いていくさまは、倍数性をもつ植物が、はるか昔から生き延びてきたなかで得た諸々の遺伝情報を利用している様子にも似ている。ここに、X染色体を二本もつ女性が一本しかもたない男性よりも遺伝的に優れている理由があると私は考える。

先に述べたように、女性の各細胞では、いわゆる「沈黙した」X染色体にある遺伝子の二三パーセントほどが不活性な状態から逃れて、活性化しうることも明らかにされている。不活性化を逃れることで女性は、同じ遺伝子について複数の型からどれかを選んで使える。同じ細胞で同じ遺伝子について複数の型を利用できることを遺伝子レベルの多様性、多様な細胞を活用していることを細胞の協力と私は名づけた。多様性をもつ細胞の協力作業が、女性に遺伝的な生存の優位性をもたらしているのである。

私の訪問を受けて急遽ジャガイモ料理が用意され、食通もうなりそうな、予想以上の味を私は楽しませてもらった。私がアルティプラノに到着してから数時間後には、現地の人たちが調理した色とりどりのジャガイモが並べられていた。色数の多さには驚いたが、それ以外にも風味、食感、口あたりがじつに幅広いことに興味を覚えた。生まれて初めて口にするジャガイモばかりだった。パパ・マリラはざらざらしていて、まるで微細な砂粒を混ぜたような舌触り。パパ・ネグロは、外は黒みを帯びていて、なかは黄色、わずかに甘く粉っぽい食感。テーブルには調理された掘りたてのジャガイモが所狭しと並んでいて、私は数える間もなく、とりあえずできるだけたくさん食べてみた。

アレハンドロよると、ここにはジャガイモは豊富にあるが、一部の農村に暮らすペルー人、とくに若者の食事にはタンパク質が不足している。ペルーのこのような地域で高タンパク質源を得るにはとかく出費がかさむのだ。

私たちはクスコに戻る長いドライブの道すがらたくさんの畑を通り、途中で車を停めては農家の人と話をした。下り道を走り続け高山病が治まりかけたころ、アレハンドロが指さしたほうを見ると、何人かがジャガイモだけではなくキヌアとトウモロコシも植えようとしているところだった。

「あの作物は……高い場所では生き残れない」。アレハンドロがいうには、「ああいった作物や植物は、アルティプラノのストレスを片っ端からやっつけられるほどは強くない。ここは寒いし、からからに乾燥することも多いので、負担がかかりすぎる。だからこそパパは、あの驚異のジャガイモは、この地では生き残りの達人なんだ。世界から人間がひとり残らずいなくなっても、パパはここに残っていると思うよ。大繁栄して」。

アレハンドロのいうとおりだと思う。ジャガイモは生き残った植物だ。遺伝的な強さと、かつて危機に陥った経験を利用できるおかげで、ほかの植物が生き残れなかった場所でもなんとかやっていける。ジャガイモは干ばつ、日照りあるいは日照不足といった厳しい環境に対して回復力で対応して、滅びるしかないほかの植物よりも長く生きる。またジャガイモは地下の貯蔵システムである塊茎を自らの食べ物として利用し、環境が成長に適した状態になるまで生き延びることもできる。

アルティプラノだけでなくどの地域でも気候が変動し続けているため、ヒトを含めあらゆる生物は、生物種として長らえることを望むのであれば、自らのもつ強みを引き出して適応していくしかない。遺伝的女性は細胞ごとに含まれる遺伝情報を多く利用し、体にエネルギーをたくさん貯め込む能力を高めたことで、高い活力と豊富なスタミナを備え、男性よりも長生をきする。応答するか、適応するか、さもなくば死だ――これは、ヒトという生物種がこの惑星で誕生したときから掲げられている、情け容赦ないスローガンのようなものだ。そうして、うまく生き延びることができた人と、そうではなかった人がいるのである。

遺伝学者であり医師でもある私は、病の経過を耐え抜くスタミナに関して男性と女性の遺伝的違いの意味をずっと考えてきた。この違いがもたらした結末を私は自分の目で見届けたことがある。友人のサイモン・アイベルにまつわる事例を紹介する。

私は、その一〇年ほど前につくった会社が大きくなりかけていて、もう少し広い場所を探していた。サイモンのオフィスは、私の会社の移転先から数軒離れたところにあった。そんなわけで私たちはよく顔を合わせるようになった。サイモンは子どものころ、将来は六フィート（約一八〇センチ）を超えると医師からいわれたそうだが、彼の身長が四フィート八インチ（約一四二センチ）より伸びることはなかった。だが、彼を知る人は誰も身長など気にしていなかった――大きな存在感と相手の懐に入り込む人当たりのよさに、まわりにいる人間は大きな影響を受けた。

のちにサイモンが話してくれたところによると、指紋をあしらったわが社のロゴがまっ先に目に入ったそうだ。「よからぬ遺伝子を捕まえようとしている遺伝探偵みたいなものでしょ」と、ある晩サイモンはいった。われわれのいろいろなプロジェクトがらみで遅くまで働いていたときのことだ。「あなたとご近所になるだなんて、そうそうあることじゃない……、ほかの誰でもない自分がこんなに近くに住むだなんて」

私がつくったバイオテクノロジー企業、レコグナイズ・システムズ・テクノロジー社は、希少な遺伝子疾患を迅速に診断するための顔認証ソフトとカメラ――現在、スマートフォンや住宅のロック解除に使われているタイプ――を開発していた。希少疾患への関心を高める活動をしている非営利団体、全米希少疾患患者団体の最新データによると、現在わかっている希少疾患は七〇〇〇種を超えていて、研究が進むにつれて、その数は増えている。ひとつひとつの希少疾患はよくある病気ではないが、すべてを合わせると三〇〇〇万人以上の米国人、世界では推定で七億人が何らかの希少疾患を患っている。私の会社は、ケアに携わる家族や医療従事者が短い年数で適切な診断にたどり着けるように、医療現場で使えるモバイルアプリも開発していた。

「遺伝探偵社が自分のすぐ近くで開業するとは、なんて巡り合わせかと思ったよ」とサイモンは意味ありげな笑みを浮かべた。「僕の秘密はじきにわかると思う。どこにも隠れたりしないから」。サイモンには、自分の置かれた状況をたいしたことがないように見せるところがあって、それがまた彼を知る誰からも好かれる理由のひとつでもあった。

隠れるどころか、サイモンは忙しく走り回っていた。ハンター症候群、別名ムコ多糖症Ⅱ型（MPSⅡ）の治療法を見つけるために、自らの運営する非営利団体、アイビリーブ財団を通じて長年、情報を発信し資金を調達していた。

ハンター症候群は三五〇万人にひとりが発症する、およそありふれたとはいえない病気だ。したがってほかの希少疾患患者の支援にかかわる人たちと同じくサイモンも、患者数のきわめて少ない病気の治療法発見にどうしたら力を貸してもらえるのか、頭を悩ませていた。だが、どんなときもやる気に満ちあふれていたサイモンは、よくこういっていた。「物事を変えることは可能だって、ちらりとでもみんなに信じてもらえればいいと思う……そういうときに奇跡は起こるものだから」

奇跡については、サイモン本人の話が当てはまる。サイモンは幼いころにハンター症候群と診断され、もって数年の命だと告げられた。だがサイモンは推定余命をことごとく塗り替え、あげくに予想を告げた医師の何人かよりも長く生きた。

私は希少疾患の研究をしていたので、ハンター症候群がX連鎖遺伝病だと知っていた。本書でもすでに見てきたように、この種の病気はほとんどの場合、X染色体の援護がない男性だけが発症する。トランクにスペアタイヤを積んでいなければ、パンクをしたら走れなくなってしまう、ということだ。

サイモンの体では、X染色体にある*IDS*というハウスキーピング遺伝子〔訳注：細胞の生命活動を維持するために、すべての細胞でつねに発現している（あるいはそう考えられている）遺伝子〕が正常に働いていなかった。その結果、通常は*IDS*からつくられる酵素、イズロン酸－2－スルファターゼも働かない。たとえていうと、買ったばかりのイケアの家具を組み立てようとしたら、さも簡単そうに見える組立説明書から肝心の部分が三ページ抜けていたという状況だろうか。

イズロン酸－2－スルファターゼがじゅうぶんにないと、じきに各細胞でゴミ処理とリサイクルの問題がもちあがる。なぜ？　それは、この酵素に細胞内の老廃物を壊して取り除く働きがあるからだ。

もしこのイズロン酸－2－スルファターゼが正常に働かなかったり、足りなかったりすると、患者本人がそうと気づくよりも先に、細胞に老廃物が溜まりすぎて臓器が肥大しはじめる。ハンター症候群の子どもでは心臓、肝臓、あるいは脾臓が肥大することがある。[26] そうなると小さな胸に圧力がかかり、耐えがたいほどの痛みに絶えず襲われる。ひとえに肥大した臓器を納める余裕がないからだ。

サイモンは正常に機能しないIDS遺伝子を母親から受け継いだ可能性が高い――この遺伝子はX染色体にある。サイモンはハンター症候群を発症したのに、母親は何ともないのはなぜだろう。答えは細胞の協力作業にある。母親マリーの細胞は協力し合って働いているので、彼女は現在も健康なまま暮らしている。

ご存知のとおり、女性には使えるX染色体が二本ある。これが、片方に変異遺伝子があった場合に役に立つ。女性の細胞は、X染色体の不活性化を免れた遺伝子という単なるバックアップを備えているだけではない。放っておけば死ぬほかない、病気の「姉妹細胞」が生き続けるために必要な力を、遺伝子レベルで分け与えることもできる。サイモンのような男性の細胞に、この種の選択肢はない。マリーの場合、イズロン酸-2-スルファターゼをつくれないX染色体を使っている細胞は、正常なX染色体を使っている細胞に助けられて生き続けている。ふたりともX染色体に同じ変異を受け継いでいるにもかかわらず、マリーの細胞は協力し合うことでサイモンの細胞よりも長く生きる。

私が初めてサイモンに会ったとき、彼はすでにイデュルスルファーゼの点滴を受けていた[27]。イデュルスルファーゼは当時、世界でも一、二を争うほどの高価な薬だった――年間で約三〇万ドル。それなのに、完璧な薬というにはほど遠かった。イデュルスルファーゼは、サイモンのIDS遺伝子が正しい指示を欠いていたために自分でつくることのできない酵素と実質的に同じものだ。ただし、イデュルスルファーゼは体中のどの細胞にもまんべんなく入っていけるわけではなかった。

マリーはハンター症候群ではなく、イデュルスルファーゼを投与する必要はなかった。彼女の正常な細胞は、欠陥細胞と分け合えるほどのイズロン酸－2－スルファターゼをつくれたからだ。このような現象は遺伝的冗長性といわれたりもするが、厳密には違う〔訳注：遺伝的冗長性とは、同じような機能を実現する複数の遺伝子が存在すること〕。マリーの場合は、細胞間で酵素を分け合って、さもなくば死んでしまう細胞を救っている。マリーの欠陥細胞では、正常な細胞から分泌されたイズロン酸－2－スルファターゼを、マンノース－6－リン酸受容体媒介エンドサイトーシスという経路を利用して取り込んでいるのである。細胞間の協力は、何もしなければ死んでいたはずの細胞を救出すると同時に、それはX染色体に別の有用な遺伝子をもっている細胞を救出することにもなる。

じつは、異なるX染色体を使う細胞間の協力は、遺伝的女性に優位性がある大きな理由のひとつだ。それぞれ違うX染色体を使っている二個の細胞が隣り合って、遺伝子産物を共有できる状況を思い浮かべてみよう。マリーの場合は、片方のX染色体の正常な遺伝子から生成したイズロン酸－2－スルファターゼを、この酵素をもたない細胞と分け合っている。

つまり、女性は最初から遺伝的に優れている――X染色体のバックアップをもっていて、さらに、細胞間で協力して遺伝子の知恵を共有し、まさに生と死を分かつやもしれない遺伝子の欠損に立ち向かうのである。

サイモンのような患者の場合は、できるだけ早い時期に投薬をはじめることが重要だ。それによって軽症型のハンター症候群については症状の進行をいくらか遅らせられる。この病気に特徴的な心臓肥大や、一部の患者の神経機能の低下については、残念ながら防いだり元に戻したりはできない。

サイモンの思いやり深い人柄を私がはっきり感じたのは、ハンター症候群と診断されたわずか一八か月の男児の家族との面談を終えた彼が、その足で私のところにやってきたときのことだった。サイモンは私のオフィスのドアをノックして、息を切らしながら興奮気味に入ってきた。ハンター症候群は気道閉塞による呼吸困難を招くことがある。サイモンも日によって調子が良かったり悪かったりした。呼吸が落ち着いたところで、サイモンは話をはじめた。この幼い男の子は、現在ならば早い段階でイデュルスルファーゼの投薬を開始できる。そうなれば世界ががらりと変わると思う。つまり長く生きていれば、ゆくゆくは今よりももっと効果のある、人生を変えるほどの新しい治療を受けられる日がくるはずだ。こんなふうに幼い子の話を語る間じゅうサイモンは、自身は幼少期にイデュルスルファーゼを投与できなかったのに、これっぽっちも悔いる様子を見せなかった。

X染色体を二本もっているがゆえに得られる見返りはたいていは生存である。このことをサイモンの人生は示している。生命に迫り来る困難を、どんなに懸命に乗り越えようとしても、男性は遺伝的に不利なところからはじめるよりほかない。

私と最後に会ったときのサイモンはいつもどおり明るい様子だった。今、手がけている仕事をいろいろ説明してくれた――最高にときめいている新しい恋愛の話もあった。二〇一七年五月二六日、サイモンは永遠の眠りについた――三九歳の若さだった。彼の母マリーは現在も健在だ。

鳥類にも同じような遺伝的優位性の現象が見られる――鳥類はヒトと似たような染色体性決定機構をもっているので、ここで紹介する。ただしヒトとは逆だ。つまり鳥類では雄が、大部分の哺乳類の雌と同様に二本のX染色体に相当するZ染色体をもっている。鳥類の雌がもつ、Y染色体に相当するものはW染色体と呼ばれる。

鳥類（現代に生きる、恐竜の子孫）の場合は雄のほうが遺伝的に強い性別であり、雄では男性のX連鎖遺伝病に相当する病気は発症しない。これに対して雌は、X染色体に連鎖した病気の影響をもろに受ける男性と似ている。こちらはZ連鎖遺伝病という。鳥類は雄のほうが長生きをする傾向があり、じつはトカゲと両生類についても同じことがいえる――強いほうの遺伝的性別は、哺乳類の二本のX染色体に相当する染色体を受け継いでいる。

鳥類の雄の長寿命を私が知ったのはまったくの偶然で、料理人、村田吉弘との出会いがきっかけだった。私が日本で研究を進めていたとき、東京にある村田の料亭で懐石料理をいただく幸運に恵まれた。懐石料理とは特別な日本料理で、旬の食材を取り入れる和食の代表だ。和食は、自然を敬う日本人の食文化としてユネスコ無形文化遺産に登録されている。

料理は絶品だった。村田は料亭を四店舗かかえ、合わせるとミシュランの星を七個獲得している。

村田のつくるこのうえない味が高く評価されているのもうなずける。懐石料理は延々と続くかのように運ばれてきた——じつに一四品。翌日、村田とお茶を飲みながら話をしていると、彼の直近のプロジェクトである日本料理のシリーズ本の話題になった。全部で何巻にするつもりかと尋ねると、村田はにやりとして、いかにも彼らしい素っ気ない調子で「たくさん」と返してきた。

導入にあたる第一巻となる予定のものといっしょに、後ろの巻に入れるかどうか検討中の写真も数枚見せてくれた。私は、日本滞在中にとくにどんな料理を食べてみたらよいかと尋ねた。村田は、ぜひ鮎をといいながら一枚の写真を示した。以前食べたことのある魚だったが、写真のこの鮎はどこかが違っていた。二匹とも、体のなかほどに縦に二本の印がついているようだった。

村田は首をひねっている私に気付き、教えてくれた。「鳥のくちばしの跡です……この魚を捕まえた鳥の」。その一部始終を村田は身振り手振りを交えて説明しはじめた。

この鮎は網で獲ったのではなく、養殖されたものでもない。別格ともいえる鮎で、現在ではほぼ消滅した、何世紀も前の漁法で獲られたものだという。最初、私はこの話を、私をからかおうとしている手の込んだ冗談だと思った。だが真顔の村田を見たら、まじめな話だと納得した。私は何としても詳しく知りたくなった。

翌週、私は鮎を捕まえる鳥に会いに出かけた。ヤマザキシンゾウという漁師の小舟に座ると、美しいウ科の水鳥、ウミウがいかにも怪訝そうに私を見つめていた。引き込まれるようなエメラルド色の目、黒い体に白い頬、くちばしの下あたりは芥子色《からしいろ》をしていた。ヤマザキは私にいった。「ご心配なく――この鳥は人間は食べませんよ」。岸から離れると、ヤマザキは鳥の胸部に縄を巻き付けて準備をした。鳥の首につけている金属の輪を指さして、これで、ウミウが鮎を飲みこまないようにしていると説明した。ヤマザキが鳥を水に放ち、数分もすると鳥は戻ってきた。首がふくらんでいた。

ヤマザキがウミウの口を優しく開けて、首のふくらんだ部分を押すと小さな魚が三匹出てきた。せっかく食べたものをごまかされたウミウを、私は少々気の毒に思った。そんな私の気持ちを察したかのように、ヤマザキは近くにある箱に手を伸ばし、褒美にウナギのすり身を与えた。

ウ科の水鳥を利用して魚を獲る漁法は七世紀あたりに中国から日本に伝わったとされている。ヤマザキはウミウを六羽飼っていて、もっと増やしたいと思っているのだが、今でさえ家のなかで場所を取りすぎだと妻が不満げなのだそうだ。ヤマザキは話を続け、雄のほうが値ははるものの健康で長生きするので、雌よりもいいともいった。ヒトの女性と同じく鳥類の雄は平均すると長く生きることがわかっている。今では不思議でもなんでもない。つまり、雄のウミウには、女性と同じように二本のX染色体に相当するものがある。平均寿命に性差があることに気付き、これをうまく利用してきたのは生命保険会社だけではない。漁をさせるべく鳥を訓練するのに投入する労力と資金を考えれば、長生きする鳥を飼うほうが最終的には採算がとれるというのも当然の話だ。

一生の間に肉体に降りかかる過酷な困難をひとつのスポーツにまとめるとしたら、超耐久競技のようなものになるのではないだろうか。超耐久競技の分野は一般にはまだそれほど知られていないが、この競技界にはコートニー・ドウォルターという型破りの人物がいる。彼女は二三八・三マイル（三八三・五キロ）を競うモアブ240で二日と九時間五九分の記録を出して優勝した。[28] このレースではユタ州のキャニオンランズ国立公園内の大きな周回コースを走る。ドウォルターは一緒に競ったどの男性よりも圧倒的に速かった。二位になったショーン・ナカムラには一〇時間以上差をつけた。こんなコースを完走する人間がいるとは、数年前には考えられなかった。

新しい領域に踏み出し、記録を樹立しているのはドウォルターひとりではない。超長距離の競技に参加する女性はぞくぞくと増えてきている。しかも筋肉の瞬発力だけで競うよりも、持久力とスタミナのあるほうが有利に働くこのようなレースでは、なかなか面白い結果が出てきている。競い勝つのは女性なのだ。

ドウォルターは自分独自のルールに従って生活をしている。エネルギーはM&M、ラッキーチャーム〔訳注：朝食用シリアル〕、ゼリービーンズ、ハンバーガーで補給する。好成績を上げる一流のアスリートと聞いて世間一般が連想するような、流行の栄養学を追ったりはしていない。トレーニング方法も従来のものではなく、走り込む際には毎回自分流のやり方で時間と距離を設定している。計画を立てずに走ることも多い。「家を出た時点で、これから四五分間走るのか、四時間になるのかか自分でもわからなかったりします。[29]基本的には自分の体の声を聞きます。私は体から届くサインをかなり読み取れるので、ただそれに従えばいいというぐらいに思っています」

たしかなことがひとつある。ドウォルターは走ることに惚れ込んでいる。その様子を尋常ではないという人もいるかもしれない――ラン・ラビット・ラン一〇〇マイルレース（約一六一キロメートル）では、ゴールまであと一二マイル（一九・三キロメートル）のところで一時的に目が見えなくなった。それでもなんとか最後まで走り通したという逸話もある。

ほかにもモンテイン・スパイン・レースという過酷なウルトラ耐久トレイルレースがある[30]。丘陵地帯を駆け抜ける二六八マイル（約四三一キロメートル）ノンストップのマラソン競技だ。登りの距離を合計すると四万三〇〇〇フィート（約一三・一キロメートル）になる（ちなみにエベレストの標高は二万九〇〇〇フィート〈約八・八キロメートル〉）。モンテイン・スパイン・レースは、気象条件がよほど悪くなければ冬のさなかに開催されるので、コースの三分の二は暗闇を走ることになる。競技者は全員自分で食糧やウェアなどの装備を担ぐ。途中で支援をしてくれる自前のサポートチームはなし。競技中に眠れる時間はわずか三時間のこのモンテイン・スパイン・レースを、ジャスミン・パリスは八三時間一二分二三秒で制覇した。パリスは同レースで優勝した最初の女性であり、さらに、その記録はオーエン・キースがもっていたレース記録をなんと一二時間も上回っていた。おまけに、ゴールまでに設置されていた五か所のチェックポイントのうち四か所で、一四か月の娘のために時間をとって搾乳までしていた。

一般に女性に比べて男性は心臓は大きいし、除脂肪筋肉量も多い。また体の必要な場所に酸素を届ける能力も高い。ところがこういった利点のおかげで割を食うことがある。マウンテンバイク競技の選手で、七回の世界チャンピオンを誇るレベッカ・ラッシュは二五年以上にわたって男性と競い合ってきた。ラッシュはインタビューを受けてこんなふうに答えている。「男性の勢いはいずれ衰えてくるので、数時間もすれば私が追いつきます。[31]『どうしてそんなにゆっくり走りはじめるの』と男性からは聞かれますが、そんなときは『どうしてそんなにゆっくりゴールするの』と聞き返します」

根気のいるつらい競技になるほど、遺伝的優位性によってスタミナを備える女性は競争相手の男性をぐんぐん引き離すように思われる。代表的な事例が、アスリートであり医学生でもあるドイツ人フィオナ・コルビンガー。コルビンガーは近頃、トランスコンチネンタル・レースで二〇〇人を超える男性を抑え、参加者二五六人の頂点に立った。このレースはヨーロッパの端から端まで二五〇〇マイル（約四〇二三キロメートル）を競う過酷なウルトラサイクリングレースだ。フランス・アルプスでは舗装路で標高八六七八フィート（二六四五メートル）を超え、レース終了まではどんな天候に見舞われるのかもわからない。コルビンガーはわずか一〇日二時間四八分でゴールした。二位のベン・デービスに七時間の大差をつけての優勝だった。「レースがはじまる前、たぶん女子の表彰台に乗るとは思っていましたが、[32]まさか男女総合で優勝するとは思ってもいませんでした」とレース後にコルビンガーは語っている。

昔から暗黙のうちに、男性のほうが強い性別だということになっていた。だが、数字を見ると疑問が出てくる。NICUではどうみても男児よりも女児のほうが強いのはなぜか。深刻な飢饉に襲われたとき男性よりも女性のほうが生き延びるのはなぜだろう。環境や行動の違いを考慮しても、死亡率はいつも男性のほうが高い。

女性は二本のX染色体と、協力し合う細胞を使えることで、遺伝子レベルでのたくましい多様性をもつ。これが男性との大きな違いをもたらす。もう一本余分な染色体によって得られる多様性とスタミナこそが、どの遺伝的女性にも生存の優位性を与えている。

厳しい状況に陥っても、女性はX染色体を二本もっているおかげで平均的な男性よりも耐えて打ち勝つことができるし、健康に生きていくこともできる。世界中どこで生まれようと、どんな境遇にあろうと関係ない。もし、過去から学べることがあるとしたら、それは、同じ困難にぶち当たっても死は男女平等には訪れない、ということだろう。

人生というウルトラマラソンでは間違いなく一方の性別のほうが終始優位な位置にいる。

第5章 超免疫

損失と利益

天然痘は長きにわたって人類を苦しめてきた最悪の厄災のひとつだった。[1] あっという間に数え切れないほどの人を死に追いやってしまう。アメリカ先住民にいたってはウイルスという目に見えない敵を仕込まれて、ひと晩といっても言い過ぎではないほどの早さで命を奪われていった。

世界保健機関（WHO）の指導のもと、一九六七年から天然痘根絶特別強化対策がはじまり、[2] この感染症を根絶やしにする取り組みが進められた。当時、世界では毎年約三〇〇万人が死亡し、生存者についても瘢痕が残ったり、後遺症で体に障害が現れたりする人が数多くいた。WHOは事態を一変させるべく決断を下した。そしてみごとにやってのけた。WHOが主導した対策活動によって、人類は世界規模で初めて伝染病の計画的根絶に成功したのだ。

私の左腕には一〇セント硬貨大〔訳注：直径約一八ミリメートル〕の注射の痕があり、幼いころに天然痘ワクチンを接種したことがひと目でわかる。一般に、天然痘などの伝染病に対するワクチン接種による免疫付与は、かつて考え出されたどの治療法よりも死亡者数を減らし、苦しみを軽くした。この世界をそれまでとは比べものにならないくらい暮らしよい場所に変えたという点で、私の腕に残る接種痕は、人類集団があげた最大級の成果の象徴ともいえる。

天然痘が百万からの人の命を奪ったり、体に障害を残したりすることもなくなった今となっては、予防のありがたみはわかりづらいかもしれない。天然痘にかかると実際にはどのような状態になるのか、現在語り継げる人はほとんど残っていない。

感染の経過は次のように説明されている。最初は思いのほか普段と何も変わらない。たいていの人はとりたてておかしいと思わないまま二週間の潜伏期間を過ごす。それが過ぎるとインフルエンザのような症状が現れる。[3] 多くは高熱と体の痛みを伴い、嘔吐をもよおすこともある。これが二〜四日続く。その後、舌、口や鼻や喉の粘膜に発疹が出はじめる。顔面まで広がると次は腕や脚に進行し、最後は手のひらや足の裏のやわらかい皮膚まで達する。四日ほどすると発疹は、濁った粘液のつまった水疱になる。この水疱はかたくて痛みを伴い、頭からつま先まで体中をびっしり覆う。そのうちに体から肉が腐ったような匂いが漂ってくる。発疹が出てから六日目くらいになると、水疱はかたい膿疱に変わりはじめ、触ると皮膚の下に真珠のようなものを感じる。この状態が一〇日ほど続く。やがて膿疱は乾燥し、無数のかさぶたになって体を覆いつくす。

生き残れたからといって、それでよしという病気ではなかった。膿疱の段階までくると死は遠のいたものの、きつい痛みに苦しむ。体内では内臓や組織が出血して溶けはじめ、まるで生けるミイラのような姿になる人もいた。四週間ほど、このようなぞっとする経過をたどる。

死に打ち勝つと、いよいよかさぶたがとれる。とはいえ現れた皮膚は見る影もなく、ひどい瘢痕が残っている――視力を失う人も多かった。あばたを見ればひと目でそれの名残とわかるため、まわりの人たちから避けられたりもした。生存者にはひとつ、有利に働いたことがある。一度罹患するとその後、再び感染することはほぼなかった――もっとも当時、その理由は誰にもわかっていなかった。

一九七三年にようやく抗体——感染と闘うために体がつくる特別なタンパク質——の断片について、おぼろげながらその姿が報告された。私たちが天然痘との闘いになんとか勝利を収められたのは、抗体のおかげだった。

一九八〇年、WHOは天然痘の根絶を正式に宣言した。[4] しつこくつきまとっていた恐怖に終止符が打たれ、人類はやっと安堵の吐息をもらすことができた。世界中の何十億という人と同じく私も幼いころに受けた予防接種のおかげで顔に天然痘感染の痕はないし、天然痘で命を落としてもいない。私は、天然痘封じ込め作戦の仕上げ期にワクチンを接種した、地球上で最後の世代にあたる。

さて、なぜここで天然痘を話題にしたのか。女性や女性の遺伝的優位性と天然痘にどのような関係があるのか。天然痘との闘いに私たちが勝利したのは、私たちの体に備わっている、もっとも精巧な生物の仕組みのひとつである免疫系の潜在力を引き出してうまく活用したからだ。本章で見ていくつもりだが、遺伝的女性は免疫の兵器をじょうずに使いこなしている。男性はとても太刀打ちできない。

天然痘の根絶という、科学の一大成果の話は、たいてい一八世紀の英国の医師、エドワード・ジェンナーの紹介からはじまる。[5] 世界中のほとんどの国で微生物学や医学を学ぶ学生には、免疫学の父にまつわるほぼ同じ話が教えられている。医学のヒーローたるジェンナー医師があざやかに登場し、種痘を手に天然痘を阻む方法を発見する。

じつのところジェンナーは種痘の研究より先に、カッコウの巣づくりに関する研究でよく知られていた。カッコウは違う鳥種の巣に卵を産みつけ、何の疑いももっていない新米の親に、親としての仕事を押しつける。ジェンナーの時代には、次のように考えられていた。まったく気づいていない仮親からの食べ物などの援助を、カッコウの子が存分に受けられるように、カッコーの親は巣の横取りにとどまらず、仮親の卵やひなを巣から追い出すことまでする（それもむごい方法で）。ところがジェンナーがよくよく注意して観察したところ、カッコーの親に罪はなかった——殺害の癖があったのはカッコーのひなだった。産まれて間もないカッコーの子がほかの卵やひなを巣から投げ捨てて、あっという間に亡きものにしていたのだ。カッコーに関する研究が認められたジェンナー[6]は、この時代の科学者にとって最高の栄誉である王立協会のフェローに選ばれた。*

ジェンナーがどのようにして種痘、すなわち天然痘のワクチン接種というアイデアに至ったのかについては諸説ある。[7] ひとつは、グロスターシャー州のバークリーで医者になるためにまだ学んでいたころにひらめいたという説。搾乳婦から、自分は牛痘にかかったことがあるから天然痘にはな

＊ジェンナーの死から一五〇年後、ジェンナーが主張したカッコーのひなの残忍な行動を支持する動かぬ証拠が撮影された。

らないという話を聞いたそうだ。

牛痘と天然痘は、同じ系統だが異なるウイルスによって起こる。[8] 牛痘ウイルスはウシに感染し、天然痘ウイルスはヒトにだけ感染するように進化した。[*1] ジェンナーの時代、ウシと同じ場所でかなりの時間を過ごす牧場関係者にとって牛痘は職業病だった。

また次のような説もある。ジェンナー医師のもとをサラ・ネルメスという名前の患者が訪れた。搾乳婦乳搾りをしているサラの腕には奇妙な発疹があった。ジェンナーは、このような感染症状の搾乳婦を何人も診ていたので、即座に牛痘と診断を下した。軽い牛痘に感染したあと、天然痘にはかかっていないとサラから聞いたジェンナーは、件《くだん》のアイデアを思いついた。

いずれにしてもジェンナーは、出入りの庭師の息子で八歳になるジェームズ・フィップスの体を使い、[9] 牛痘感染が天然痘を防ぐかどうかを調べてみることにした。[*2] 牛痘に感染したサラの手から膿を採り、これを少年の、生まれながらにバリアの働きをしている皮膚に傷をつけて植えつけた。数日もするとジェームズは牛痘を発症した。だが、牛痘が治ったあと天然痘にはかからないことはまだ証明できていない——さらに確かめるには、ジェームズが天然痘に自然に暴露するまで辛抱強く待って、牛痘感染歴がこれを防ぐかどうかを見きわめなければならなかった。

あるいは、ことがすんなり運ぶようにジェームズに天然痘患者の膿を直接注入するという手もあった。ジェンナーは後者を選んだ。幸いなことに、ジェームズは天然痘の計画的暴露を生き延びた。

ジェンナーはこの技術に、ラテン語で「雌牛の」を意味する *vaccinus* に由来する vaccination（種痘、ワクチン接種）と名前をつけた。

ジェンナーはさんざん笑いものにされたが研究を続け、ジェームズでうまくいった種痘実験をほかの子どもでも繰り返した。笑いの的になったのはジェンナー本人だけではなかった。一七九六年、免疫学の父となるこの人物の書いた論文が、当時一流とされていた査読付き学術雑誌『フィロソフィカル・トランザクションズ・オブ・ザ・ロイヤル・ソサエティ（王立協会哲学紀要）』に却下された。[10] 手違いではない。ふたりの査読者からジェンナーの論文に否定的な見解が報告され、王立協会の会長、サー・ジョセフ・バンクスはこれを喜んで受け入れたという。

そうこうしながらもジェンナーは論文を出版した。[11] タイトルは、An Inquiry into the Causes and Effects of the *Variolae Vaccinae* a disease discovered in some of the western counties of England, particularly Gloucestershire and Known by the Name of Cow Pox〔邦訳：『牛痘の原因及び作用に関する研究－種痘法の発見』、大日本出版、一九四四〕。一七九八年、自費出版だった。

やがて医師や患者たちが、恐ろしい痘疹を防ぐにはジェンナーの方法が有効だと認めはじめた。結局のところジェンナーは英国政府から総額三万ポンド（現在の一〇〇万米ドル以上に相当）の助成金も受けて、重要な研究を続けた。[12] とはいえジェンナー本人が自分の発見で裕福になったわけでは

＊1　牛痘ウイルスと天然痘ウイルスは異なるが、どちらもオルソポックスウイルスであり近縁の関係にある。
＊2　人痘接種や種痘の方法が発展してきた過程で、医学実験に人間を利用したことの倫理については今も広く議論が続いている。意見の一致には至っていないが、このテーマは今日の問題にも直結し大きな意味をもつ。

なかった。まったく逆だった――自宅近くに小屋を建て牛痘の館と名づけて、接種代を払う余裕のない人々にここで種痘をおこなった。

研究結果の出版からほどなくして、ジェンナーは正しい予言を残している。「人類に降りかかるもっとも恐ろしい禍《わざわい》、天然痘を消滅に追いやるのは、最後はこの方法に違いない」


ジェンナーが最初の実験をしてからわずか一〇年で、数万人が種痘を受けた[13]。だが歴史を振り返るとよくある、科学のブレークスルー物語のご多分にもれず、この話にももうひとつのはじまりがある。学生時代に（もっというと医師研修期間にも）私は教わらなかったが、種痘の発展にはレディ・メアリー・ウォートリー・モンタギューという人物が深くかかわっていた。

レディ・メアリー・ウォートリー・モンタギューは一六八九年五月二六日、貴族の家に生まれ[14]、その家柄の女性にお決まりの教育方針のもとロンドンで育てられた。ただし、レディー・モンタギュー本人は、お決まりではなかった。幼いころから独立心も好奇心も並はずれていたことは、まわりにいる人たちにもはっきりわかった。

ちょっとのことでは意志を曲げないこの人物は、当然といえば当然なのだが、父親ドーチェスター侯爵が娘を思ってお膳立てした結婚話をにべもなく拒んだ。レディー・メアリーは父の望みに抗《あらが》って自ら結婚の道を切り開き、一七一二年にサー・エドワード・ウォートリー・モンタギューと駆け落ちをした。こうしてレディー・モンタギューは自身の人生の軌道だけでなく、私たちのこの世界も変えていくことになる。

結婚して数年後にレディー・モンタギューは天然痘にかかり一命をとりとめた。それからというもの鏡に顔を映すたびにあばたが目に入り、この病気がもたらした痛ましい姿に辛い思いをしていた。闘病中に抜け落ちたまつげは、ついぞ生えてくることはなかった。レディー・モンタギューが駆け落ちしたあとには、弟ウィリアムが天然痘に倒れている。ウィリアムには姉のような幸運は巡ってこなかった。彼は感染後ほどなくして二〇歳で命尽きた。

一七一七年に入るとレディー・モンタギューは、オスマン帝国大使に新たに任命された夫について英国をあとにしコンスタンティノープルへ向かった。レディー・モンタギューは当地の文化に親しみを覚え、ギリシャ語とトルコ語を学びはじめた。この時期に彼女が見聞きしたことのひとつに、植え付けと呼ばれていた人痘接種という変わった習慣があり、これが彼女の目をたいそうひきつけた。*

レディー・モンタギューは次のような手紙を書いている。

＊ 人痘接種を意味するvariolationは、ラテン語で「吹き出物」を意味する*varus*に由来する。engrafting（植え付け）、inoculation（接種）の同意語。

体に不調をきたすものといえば、ひとつお伝えしたいことがあります[15]。あなたもこの地を訪れたくなると思います。天然痘は、私たちの間では命にかかわる病であり、とても蔓延していますが、こちらでは植え付け、こう呼ばれています、の発明によってたいした病気ではなくなっています。毎年、夏の暑さが和らぐ秋口、九月ごろになると、何人かの老婦人が施術の仕事にとりかかりはじめます。街の人たちは、自分の家族が天然痘にかかるつもりかどうかを知らせ合い、この目的のためにパーティーを開きます。みんな（ふつうは一五人か一六人）が集まったところに、上物の天然痘の素《もと》の入ったナッツの殻をもった老婦人がやってきて、各人にどの血管を切り開いてほしいか尋ねます。老婦人は指示された血管を大きな針でさっと切りつけ（引っかいた程度の痛みしか感じません）、針の先に乗るほどの天然痘の素をその血管に植え付けます。これが終わると小さな傷をナッツの殻でふさぎます。このような方法で血管を四、五か所開いていきます。

レディー・モンタギューは知らなかったと思われるが、植え付けはコンスタンティノープルにだけ固有の手法ではなかった[16]。レディー・モンタギューの報告からさかのぼること二〇〇年、中国ではすでにかさぶたを粉末状にして人痘接種をしていた。

レディー・モンタギューが綴った生々しい描写に、どこか見覚えがある。この手法は、そのしばらく後にジェンナーが採用した種痘の工程と同じだった。ただし、ひとつ大きな違いがある。ジェンナーの種痘では、天然痘ではなく牛痘のウイルスを含む物質を感染させていた。牛痘ウイルスは天然痘ウイルスを使うよりもはるかに安全だった。

種痘と人痘接種はどちらも接種によって人体が獲得する、体を守る仕組みを利用している。つまり接種によって、天然痘ウイルスなどの感染性病原体の撃退に不可欠な、免疫による防御の働きが促される。女性は生涯を通して、まさにこの防御の仕組みを男性よりも効果的に使いこなしている。種痘と人痘接種には、比較的穏やかな感染を誘発する狙いがある。感染といっても人体が抑え込められる程度なので、ほどよい防御免疫が得られるというわけだ。一般に女性の場合は、ワクチン接種によって免疫が刺激を受けると、ワクチンに対して男性よりも強く応答して闘う能力をもっている。[17]

天然痘を防ぐ人痘接種の可能性に関心をもつようになったレディー・モンタギューは、英国大使館付きの外科医、チャールズ・メイトランドの立ち合いのもとで息子のエドワードに接種を受けさせた。うまくいった。エドワードは生涯、本格的な天然痘にはかからなかった。

息子に接種をしたあとに出した手紙で、レディー・モンタギューは次のようにきっぱり断言している。「私は国を愛する者として、この有用な発明を英国に広げるためなら何の労も惜しみません。[18]人類のために、己のかなりの収益を棒に振っても構わないという徳の高い医師が見つかり次第、必ず手紙を書いてこの件をお知らせする所存です」

一七二一年四月に英国に戻ったレディー・モンタギューは、人痘接種を普及させたいという思いにかられ、この手法への関心を高めるべく手を尽くした。女性であること、そして東洋由来の新しい施術方法を、この手法に疎《うと》い保守的な医学界を相手に導入しようとしていること、このふたつがからんでいたため、とんとん拍子というわけにはいかなかった。当然ではあったが人痘接種は、レディー・モンタギューが思い描いていたほどすんなりとはロンドンの医学界に受け入れられなかった。

一七二一年にロンドンで天然痘がまたも流行すると、レディー・モンタギューは四歳になる自分の娘メアリーに人痘接種をしようと思い立った。その数年前、コンスタンティノープルで息子が接種をしたときにチャールズ・メイトランドに立ち会ってもらっていたので、彼に施術を依頼した。だが断られた。

健康な血管を切り開いてそのなかに天然痘の患者から採った膿を入れる行為を、当時の医師が、大多数の人も同じだったのだが、異様に思った気持ちはよくわかる。また、人痘接種をするにしても、どのような施術方法が一番よいのかは、メイトランドらにもわからなかった。切開するのは太い血管か細い血管か。天然痘患者の膿はどれくらいの量を使ったらよいのか。メイトランドはその場のはずみでレディー・モンタギューに断りを入れたわけではなかった。人痘接種がはらむ危険――たとえば接種した人の二、三パーセントは劇症の天然痘を発症し死に至る――を考えると、意図せずとはいえ彼女の娘の命を奪うような処置にはかかわりたくなかったのだ。

確実ではなかった問題をあれやこれや考え合わせると、幼い少女への接種にメイトランドが少なからぬ不安を覚えたのも無理はない。一方、レディー・モンタギューは、やる価値があると確信していた。ほかにどのような選択肢があるのか、彼女にはじゅうぶんわかっていた。死か、さもなくば顔に残る醜い痕か、だ。メイトランドはレディー・モンタギューに説得され、立会人がふたり見守るなかで施術にふみきった。接種後の経過は上々だった。そしてこれを機に、人痘接種への関心が広がりはじめた――まずは王族から。

一七二一年八月九日、メイトランドに対して、人痘接種を試験的に実施する認可が王室からおりた。[19] 一八世紀当時の英国ではまだ死刑がおこなわれていた。大罪を犯し死刑執行人の手にゆだねられていた死刑囚の存在が、メイトランドにまたとない機会を与えた。死刑囚を最初の被験者として利用できることになったのだ。

死刑執行を免れるかもしれない――メイトランドの実験で運よく生き残れたら放免される――という条件とひきかえに、六人の服役囚が人痘接種を受けた。全員が生き残った。レディー・モンタギューの予想どおり、人痘接種はうまくいった。接種を受けた服役囚のひとりについては、今まさに症状が現れている天然痘患者に接触させ、感染するかどうかが確かめられた。みごと無事だった。発症せず絞首刑も免れて、人痘接種を受けた囚人仲間と同じく釈放された。

古い時代の習いで、メイトランドが次に人痘接種をおこなったのはセント・ジェームズ教区の孤児たちだった。幸いなことに、全員生き残った。人痘接種の安全性と天然痘予防効果を示す証拠を手にしたメイトランドに今度は、皇太子妃の娘アメリアとキャロラインへの施術が許された。二人とも無事だった。

このころ、人痘接種に関する開業医の臨床経験をまとめた論文が数報『フィロソフィカル・トランザクションズ・オブ・ザ・ロイヤル・ソサエティ（王立協会哲学紀要）』に掲載されている。[20] ロンドン王立協会にも手紙が二通届いていた。一通は一七一四年にエマヌエル・ティモニから、もう一通は一七一六年にジャコモ・ピラリーノから。どちらもレディー・モンタギューが目撃した、イスタンブールのまさに同じ人痘接種を説明する内容だった。だが、人痘接種が広く受容されるきっかけとなったのは、王室の子どもたちへの人痘接種で注目が集まったことにある。この日がくることを願ってレディー・モンタギューは懸命に奮闘していたのだ。

人痘接種には問題がいくつか残っていた。たとえば、接種が原因で天然痘を発症し痘痕が残ったり、あるいは最悪の事態を招いたりするリスクがあった。しばらくするとサットン法という新しい手法が登場し、当初、不確かだった問題は解決された――切開部位は小さくなり、膿の投与量も減った。ダニエル・サットン（医師でも外科医でもなかった）は自分の父親が開発した手法を用いて、一七六三年から一七六六年の間に二万二〇〇〇人に人痘接種をした。[21] 亡くなった人はわずか三人。先発の手法を改良した結果、接種した人の罹患率も死亡率も大幅に下げることができた。*

さてここでもう一度、ジェンナーと、私の腕に残るワクチンの接種痕の話に戻ろう。天然痘ウイルスとは近縁だが別のウイルスを用いることになぜ利点があるのかがわかると思う。牛痘ウイルスは進化を経て、ヒトには感染せず、ウシにだけ感染するようになったウイルスであり、その危険性は天然痘ウイルスとは比べものにならないほど低い。したがって、天然痘ウイルスを牛痘ウイルスに代えて接種することで、状況は格段によくなった。それほど腕の立つ医師でなくても種痘ならば、患者を死なせてしまう心配をしなくてもよい。

とはいえ、レディー・モンタギューが人痘接種を根気強く訴え続けていなければ、ジェンナーは研究を進めるどころではなかったかもしれない。ジェンナーは幼いころに人痘接種を受けていた——これを受けていなかったら、なんとかの父などと思い起こされるようになるまで生きられなかった可能性もある。フランスのルイ一五世と同じ運命をたどっていたかもしれない。ルイ一五世は一七七四年に天然痘で命を落としていた。このころのフランスではみな、人痘接種にさかんに異を唱えていた。目撃談によると、「宮殿の空気は汚染されていた。ベルサイユ宮殿のなかでただぶらぶらと過ごしていたために五〇人以上が天然痘を発症し、そのうち一〇人が亡くなった」[22]。ルイ一五世が逝ったあとは孫のルイ一六世が即位し、妻マリー・アントワネットが王妃となった。フランス革命が終わり、一八世紀も終わるころにようやくフランスでも種痘がおこなわれるようになりだした。

このころ、英国には種痘に強く反対する一派がいて、ジェンナーの新しい手法を断固拒絶してい

＊人痘接種の場合、狙いとは反対の結果となる可能性がある。サットン法を用いても天然痘を発症し、死に至る人がわずかながらいる。

た。人痘接種よりもはるかに安全に予防できる種痘を拒んだのは、心配性の親たちなどではなかった。現金収入を確実に得られるあてをなかなか手放したくなかった、人痘接種の推進派だった。

種痘にも人痘接種にもなくてはならない特別な成分が免疫系には存在している。B細胞（Bリンパ球）と呼ばれる細胞だ。すでに説明したように、遺伝的女性のB細胞は、男性よりも抗体を多くつくるうえに、その抗体が抗原と結合する能力も高い。

私たちの体は生きている間はことあるごとに新しい種類の抗体をつくりだしている。抗体はB細胞でつくられる。B細胞はその表面に同一の抗原レセプター（受容体）をたくさんもち、これを利用する。抗原レセプターとは、B細胞がつくる抗体と同じ形をした分子である。B細胞の仕事はたいていは、特定の形の免疫原に反応するところからはじまる。つまり免疫原が刺激となってB細胞が活性化する。B細胞の表面には抗体と同じ形をした分子が一〇万個ほど触角のように突き出ていて、これとうまく結合する免疫原に出会うとB細胞は活性化して抗体をつくり出すようになるという流れだ。[23]

したがってB細胞が免疫原に出会ってぴったり結合したら——ビンゴ！　B細胞は分裂を開始する。レセプターが免疫源による刺激を受けてから一八時間から二四時間ほどがたつと、分裂を繰り返して増殖したB細胞はすべて、同一の抗体を数え切れないほどつくり全身に送り出しはじめる。

B細胞は能力主義の職場で働いているともいえる。病原体をみごとに一掃した抗体をつくったB細胞は出世の階段を昇り、同じ病原体に再び感染したときの対戦に備えて雇われ続ける。これが、分裂、増殖したB細胞のうちの一部が選ばれてメモリー細胞となる理由だ。こうして、メモリー細胞はきたるべき攻撃に備えて何年も保存されることになる。

私たちはワクチン接種をするたびにこの仕組みを利用している。おかげで、ワクチン接種は何年も——ときには一生——予防効果を示す。私たちは、過去に感染した際の免疫記憶を残らず集めている収集家のようなものだ。ワクチン接種をすれば、重い病気にかからずとも免疫に働きかけて記憶させることができる。おおかたの人は痛い思いをしたかいがあるというものだ。

メモリー細胞や、その子孫細胞のなかには、あなたの年齢と同じくらい年月を重ねたものもあるかもしれない。メモリー細胞と年齢については、幼い子どもがよく病気にかかる理由と関連している。子どもの免疫系は、体のほかの部分と同じくまだ発達しているさなかにある。時間の経過とともに生活のなかでさまざまな微生物と出会い、免疫の経験がじゅうぶんに積まれ、その結果、侵入してくる恐れのある無数の微生物に対処できるだけの免疫多様性がつくられていく。私たちはいつの間にか免疫記憶のおかげでウイルスや細菌などの脅威に対して、とくに二回目の対戦では、より速くより強く応答できるようになっている。

免疫記憶は生と死を分かつものでもある。脳では過去のできごとや生存に必要な技能を記憶情報として神経に保存している。同様に免疫系も体外から入ってきた異物とぴったり合う抗体を記憶し、同じ異物が再び侵入してくるとその正体を思い出して殺す。このような仕組みは獲得免疫と呼ばれる。男性と比べると遺伝的女性の免疫記憶は失われにくい。ワクチンを接種するとたいていの場合、男性よりも女性のほうが痛みを訴え、副反応を生じる。[24] じつはこれは、ワクチンに初めて刺激を受けた免疫系が強く応答して、男性よりも効果を上げているからである。

たいていの人は生まれながらに抗体をつくる能力を有しているわけだが、比較すると遺伝的女性のほうが断然優れている。すでにざっと説明したように、体細胞超変異によっていっそううまく結合する抗体をつくるのは女性のほうだ。体細胞超変異とはB細胞に遺伝子変異が生じ、抗体をつくる性能が高まる現象である。もうひとつ、免疫学的に女性のほうが際立っていることがある。男性に比べて長い時間、メモリーB細胞（特異的抗体をつくる）が体に残り続けるのだ。以上の理由から、ワクチン接種をするとえてして女性のほうが高い効果を得られる。女性の免疫細胞は決して忘れない、ともいえる。

レディー・モンタギューは知る由もなかったが、人痘接種やワクチン接種をしたとき免疫系が応答し記憶する仕組みには男女で違いがある。免疫学的な観点から見ると、病原体が二度目に現れたときは、女性のほうが速くかつ激しく病原体を攻撃する。

レディー・モンタギューが人痘接種を説いてまわるようになったきっかけをたどると免疫記憶に行き着く。ただし生物学的な詳細は彼女にもわかっていなかった。特異的な抗体をつくる能力が体に生来備わっていなければ、ワクチン接種も人痘接種も効果を発揮できない。抗体をつくって維持する点については、遺伝的女性は男性に勝っている。

ジョージア州アトランタとロシア、ノヴォシビルスク州コルツォヴォは地図の上では遠く離れている。[25] ところが、両都市には共通点がある。どちらも、地球上で最後の天然痘ウイルス株を保管している。

世界保健機関が一九八〇年に天然痘根絶宣言を発表して以降、最後の天然痘ウイルスをどう処理するかについて議論が重ねられてきたが、廃棄には至っていない。私たちは、不可能かと思われたことをなんとかやり遂げた──史上最悪のウイルス病をひとつ、世界からなくしたのだ。その後、天然痘とは無縁の年月が過ぎていったものの、完全に関係を絶つことはできなかった。手放したくない一〇代の恋の思い出がつまった空き箱にも似て、天然痘ウイルスの試料は今も人目につかない場所にしまいこまれている。

天然痘ウイルスの処分をためらうのには、もちろんそれなりの理由がある。いつか役に立つときがくるかもしれない。とくに天然痘の新しいワクチンをつくる必要に迫られた場合などがそうだろう。

厳重に保管しなければならないのはウイルスだけではない。私は、微生物兵器の使用に備えて抗生物質による治療法を研究開発していたことがある[26]──対象にしていたのはおもにペスト菌（学名エルシニア・ペスティス *Yersinia pestis*）、黒死病いわゆるペストのおぞましき原因菌だ。肺で増殖し肺ペストを引き起こした場合の致死率は天然痘よりもはるかに高く、感染者の九〇パーセントが死に至る。ペスト菌が人間を殺す能力はほかの病原菌と同じく、宿主から取り込める鉄が潤沢にある場合に増大する。[27] 人体で鉄の貯蔵量がもっとも多いのは、青年期から中年期にかけての遺伝的男性だ。彼らは月経や妊娠によってそれを失ったりすることはない。そのため、ペスト菌など鉄を取り込む微生物と闘う場面では、遺伝的男性はがぜん不利になる。

ペスト菌は、あれほどの殺人能力をもっているわりには意外にも、既存の抗生物質に対して感受性が高い——ただしこれは兵器化されなければの話。一方、そもそも高いペスト菌の致死率は、現在では驚くほど簡単にさらに上げることができる。ペスト菌のＤＮＡのほんの一部に手を加えるだけで、現時点では有効などの抗生物質にもまったく反応しなくなる。宿主から鉄をより多く、より早く取り込めるような遺伝的能力をペスト菌に与えると[28]——ＤＮＡ編集技術を使って——、鉄を豊富にもつ遺伝的男性のリスクはいっそう高くなる。

兵器と化したペスト菌はいつ現れてもおかしくない状況にあり、これがいったん放出されれば衰えることなく次々と人間を殺しはじめるだろう。この事実に私たちは備えなければならない。したがってペスト菌と闘うためには、そのＤＮＡに手を加えたり、新薬を開発したりできるよう、菌株を保管し続けることがきわめて重要となる。願わくば使いたくはない薬ではある。

同様の恐れは天然痘にもある。研究室で天然痘ウイルスをつくることは可能だ。一九八〇年代にソビエト連邦から科学者が亡命してきて、天然痘ウイルスを強力な生物兵器に変える方法が明るみになった。ソビエト連邦が大がかりな攻撃的生物戦計画に実際に取りかかっていたことを、一九九二年にようやくロシアの大統領ボリス・エリツィンが公に認めた。この計画には炭疽病、天然痘、ペストを使った兵器の製造に関する研究も含まれていた。

ウイルス兵器が現れなかったとしても、ほかにも懸念される状況はある。天然痘患者の比較的最近の遺体や、長期間行方知れずだった組織サンプルが不用意に掘り起こされ、再び世界中にウイルスが放出される事態は起こりうる。その際、ウイルスと闘うための最善の策は今なおワクチン接種だ。したがって、天然痘の試料は今すぐどうにかするという話にはならないのである。

私の左腕の瘢痕は、ニューヨークシティー・ボード・オブ・ヘルス株というワクシニアウイルス〔訳注：ワクシニアウイルスはポックスウイルス科オルソポックスウイルス属に属する。天然痘の世界根絶宣言まで、種痘に用いるワクチンとして世界中で使用されてきた〕の生ワクチンに対して体が反応したために残ったものだ。生の牛痘ウイルスを使ったジェンナーのワクチンや、私が受けたワクチンとは違って、今日のワクチンでは生きているウイルスはあまり使われない。意図しない作用をできるだけ起こさないようにするには、ウイルスや細菌を不活化したり断片化したりして、体内で生き残ることも増殖することもできないようにしてから利用すればよい。この方法は生ワクチンよりも安全だ。とはいえ、生物学的には活性がない状態であるワクチン接種に対して、免疫系が反応するように誘導するのは難しい。

そこでこの問題を解決するために、たいていのワクチンには免疫を刺激する成分を添加している。

刺激成分が体内で先に警報を鳴らし、これをきっかけに免疫細胞の動員が始まる。ワクチン注射を打ったあとに痛みを覚えることがあるが、その一因はこの刺激成分にある。女性のほうが強い免疫応答を示すため、注射後の痛みも深刻となる。

驚くほかないのだが、私たちは必要とあらばどんな抗体でもつくり出せる——いまだかつて誰の体にも存在したことのない抗体でも、だ。ワクチン接種が功を奏する理由はここにある。では、抗体をつくる能力をもたずに生まれたらどうなるだろう。

抗体をつくる能力を欠いている人は圧倒的に男性が多い。X連鎖無ガンマグロブリン血症（XLA）の遺伝的男性では、X染色体上にある*BTK*遺伝子に変異が生じている。[29]これは、適切な抗体をつくれないことを意味する。必要なときにさっと入ってくるようなもう一本のX染色体がないため、XLAの男性は遺伝的に不利な状態にある——X連鎖色覚異常と同じ状況だ。

XLA患者はよく幼少期に中耳炎を繰り返す。ただし生後数か月は、ほとんどの患者が何の問題もなく健康に過ごしている。子宮にいたときに母親から胎盤を通じて受け取った抗体がまだたっぷりあるからだ。ところが、この抗体はそれほど長くはもたない。母親から受け取った抗体がなくなった時点で、深刻な問題が起こりはじめる。

XLAの治療としては、生涯にわたって点滴または注射でガンマグロブリン（抗体ともいう）を繰り返し補充する方法がとられている。ガンマグロブリンは、多数の個人から提供されたものがまとめて保管されていて、ここから適宜、男性患者の体に点滴あるいは注射で投与される。

ＸＬＡを患っている人は基本的には、抗体を自分でつくり提供できる他人の免疫記憶を借りて生き続けている。だが、それ以外にも、患者の生命をつなぐ仕組みがある。

ＸＬＡの男性が他人から提供された抗体で生きていけるのは、彼らの体内では自然免疫と呼ばれる免疫系の仕組みはそのまま機能しているからだ。自然免疫とは、病原体が侵入したとき（あるいは悪性の細胞）に最初に発動する免疫応答である。自然免疫には、体外環境との境界である皮膚や粘膜といった障壁による防御も含まれる。自然免疫の働きは万能型である――特異的な働きではない。つまり侵入者を質問攻めにせずともただちに対応できるため、とても重要な役割を果たしている。

自然免疫を担う数種類の細胞成分をまとめて白血球という。なかでも好中球という細胞がめざましい働きをする。

自然免疫を担う細胞が万能型なのは、パターン認識受容体（ＰＲＲ）を利用しているからである。ＰＲＲは何ものかの侵入を感知すると、まるで火災報知器のように振る舞う――まわりのほかの細胞に、病原体の侵入が迫っていることを告げて注意を促す。

ＰＲＲにはさまざまな種類があり、そのなかには遺伝子がＸ染色体にあるもの――トール様受容体遺伝子 *TLR7* と *TLR8* ――もある。[30] トール様受容体は免疫細胞の表面に存在し、侵入してきた病原体に特有の分子を認識する。*TLR7* と *TLR8* の二種類があるということは、女性の場合は侵入病原体の認識効果がさらに高くなる。男性はどちらの遺伝子も一本しかもっていないので分が悪い。つまり、体に侵入して勢力を広げようとしている病原体に対する免疫応答の場面では、女性は染色体により最初から相乗的に有利なのである。

病原体の侵入後、ものの数分もしないうちに、今にも迎え撃たんばかりの勢いで好中球が現場にやってくる。好中球は援護を要請し、ほかの細胞を動員して免疫の闘いに加勢してもらう。闘いが長引くと細胞が液化して傷を負うこともある——これがいわゆる膿だ。

体内では毎日膨大な数の好中球が骨髄でつくられている。好中球には骨髄から血液中に流れ出るものと、肝臓や脾臓に移るものがある。好中球の寿命は、ほかの細胞に比べると長くない。数時間から数日——ただし、サケが生まれた川をのぼって最後を迎える場所までたどりつくように、参戦しなかったほとんどの好中球は骨髄へ戻る。そして、ここで細胞版セップク（アポトーシス）に至り、その後、再利用される。

私たちの体内にはとてつもない数の好中球がある——骨髄では毎日五〇〇億個ほどがつくられている。好中球はすべて一本のX染色体を利用している。これは女性の好中球のほうが遺伝的多様性があることを意味する。一方、男性の好中球はどれをとっても、利用しているのはまったく同じX染色体だ。

遺伝的女性の好中球に見られる多様性は、マクロファージやナチュラルキラー細胞といったほかの細胞にも当てはまる。このふたつはどちらも、ウイルスに感染した細胞やがん化した細胞を取り除く仕事に勤しむ細胞だ。

二種類の免疫系――自然免疫と獲得免疫――をもっとも望ましい状態で機能させることは、私たちが生き延びるためにはきわめて重要である。なぜ断言できるのか。辛い話ではあるが、自然免疫と獲得免疫が機能しないとどうなるかは、たとえばバブルボーイとして知られるようになったデイヴィッド・ヴェッターの事例などで確認されている。[31] デイヴィッドの場合は生きていくために一二年にわたり、雑菌を極力減らした保護環境下での生活を余儀なくされた。

デイヴィッドがバブル「ガール」ではなく「ボーイ」だった理由は、彼が患っていた病気がX染色体に連鎖した重症複合免疫不全（SCID）だったことにある。SCID患者のおよそ半数は、X染色体に生じた変異が原因で発症している。したがってSCIDを患っている人の四分の三は男性となる。デイヴィッドの担当医は治療を試みるなかで、骨髄移植を実施した。骨髄には感染と闘う免疫細胞がたっぷり含まれている。もちろん回復を見込んでのことだった。だが残念ながらデイヴィッドは、エプスタイン・バーウイルスが原因のリンパ腫で亡くなった――何かの拍子にウイルスが骨髄移植を通して体内に入ってしまったようだ。

デイヴィッドの遺伝子疾患の事例から、X連鎖色覚異常の事例と同じく男性には女性ほど遺伝子レベルの選択肢がないことがわかる。さらに、男性にX染色体がらみで何か問題があるときはX染色体の遺伝子に欠損が認められ、しかもこの種の欠損は珍しいものではないことも明らかだ。

女性の抗体応答が示す遺伝的優位性が科学的に解き明かされれば、ワクチン開発においても、この事実を計算に入れる必要が出てくるだろう。抗体応答には男女で違いがあるため、男性が女性と同程度の予防効果を得るには、ワクチンの追加接種を受けるか、あるいは初回摂取量を女性よりも多くする策が考えられる。[32]

あなたが女性で今、感染症や悪性腫瘍を克服しようとしている最中だとすると、免疫が過剰に活動するおかげで大きなメリットを得られる可能性が高い。だがその一方で、免疫の過剰活動という働きはかなりの犠牲を強いることがある――多くの場合、女性だけが払わなければならない犠牲だ。

超がつく大スターのセレーナ・ゴメスには何百万人とも知れないファンがいて、ツアーの予定もびっしりで、すべてが順調に進んでいた。ところが、ディズニー・チャンネルからスターの座についたゴメスは、二二歳の若さで突然深刻な疲労を覚えるようになった。子どものころからスポットライトを浴び続け、公表していたジャスティン・ビーバーとの交際に終止符を打ったこともあり、ここでひとまず休みたいと望んだのも無理はなかった。ちまたでは、ゴメスは自ら薬物関係のリハビリ施設に入ったのではないかという憶測が流れたりもした。

だが、誰も知らなかったと思われるが、このときセレーナ・ゴメスは自分の命を救うために闘っている最中だった。ゴメスの体は自身の体に宣戦布告し、ゆっくりと入念に一細胞ずつ彼女を殺しにかかっていたのだ。ゴメスは薬物矯正施設にいたのではなかった――全身性エリテマトーデス（紅斑性狼瘡）、英語ではlupusとも呼ばれる自己免疫疾患の治療を受けていた。

ゴメスだけではない。現在、世界中でおよそ五〇〇万人がこの病気を患っている。[33] しかも、この重荷を背負いこんでいるのはほぼ女性だ。全身性エリテマトーデスと診断された患者のうち九〇パーセントが女性と、きわめて高い比率になっている。

ヒポクラテスはそれを別の名前で呼んでいたが、じつは全身性エリテマトーデスという病気は二〇〇〇年以上前に記載されている。顔に紅斑が現れるこの病気の英名lupusは、オオカミを意味するラテン語に語源があり、一四世紀につけられたようだ。その由来については、顔に広がる特徴的な赤みがオオカミの顔の色模様に似ているからとする説や、オオカミに噛まれた傷跡に似ているからとする説がある。

近年になると、自己免疫の呈する破壊的な症状を言い表すためにオオカミを引き合いに出すこともある。同病を患った作家のフラナリー・オコナーは「オオカミが体のなかをずたずたに引き裂いているような気がする」[34]と書いている。オコナーは三九歳でこの病との闘いに敗れた。

セレーナ・ゴメスの場合も、自分に厳しい免疫細胞が、正常に機能している細胞を誤って標的にし殺しにかかっているところだった。それだけでなく、厳しすぎる免疫系は自分の腎臓にも向かい、腎臓を特異的に標的にする抗体をB細胞につくらせていた。このような状態になると合併症、ループス腎炎を起こし死に至ることもよくある。

ゴメスの腎臓はいつの間にか両方とも働かなくなりつつあった。数週間先に透析を控えたゴメスはともかく腎臓移植を希望していた。すると奇跡のような話が降ってきた。親友のフランシア・ライサから腎臓を提供してもらえることになったのだ。

現在、一〇〇種類ほどの自己免疫疾患が知られている。米国国立衛生研究所（ＮＩＨ）の推計によると、米国では合計で二〇〇〇万を超える人が自己免疫疾患を患っている。[35] ただし、病気によっては患者数がきわめて少ないものもある。あらゆる自己免疫疾患を合わせると、ほとんどの先進国では罹患率も死亡率も三番目に高い疾患となる。自己免疫疾患の多くは慢性化し、衰弱性を示す点で共通している。

自己免疫疾患は圧倒的に女性に多い――患者の八〇パーセント以上が女性だ。[36] 女性の死亡要因の第五位であり、およそ良性疾患とはいいがたい。遺伝学から見ると女性のほうが強いというのなら、なぜ自己免疫疾患を患う女性が多いのか。

かつては、免疫系が自分の体に攻撃を仕掛けて害を及ぼすなどとは考えられていなかった。何のためにそんなことをするのか。体が自分を攻撃するだと。ばかげた話だ。

免疫学の魁となった研究を発表し、その数年後にノーベル生理学・医学賞を受賞したパウル・エールリヒという人物がいる。[37] 一九〇〇年、エールリヒは、自分の体を攻撃する免疫系などあり得ないと考え「自己中毒忌避説」を提唱した。ところが、エールリヒが自説を主張しだしたころから、免疫系が自分の体を攻撃する現象が実際に起こっていることを示唆する報告が出はじめた。

一九五〇年代から一九六〇年代ごろには、多発性硬化症や全身性エリテマトーデスといったいくつかの病気の原因がじつは自己免疫にあるという理解でおおむね一致していた。同時に、この種の病気は女性に多く見られることも明らかとなってきた。だが、男女間で診断数に差が生じる理由は誰にも見当がつかなかった。シェーグレン症候群、関節リウマチ、自己免疫性甲状腺炎、強皮症、筋無力症などの自己免疫疾患に伴う痛みや不快感を、女性のほうが単に声高に訴えるからではないかと、多くの医師や、男性が大勢を占めていた科学者たちは考えていた。臨床医は、男性はじっと我慢して診察を受けにこないため数には表れないと見ていた。そもそも、自己免疫疾患については、実際の患者数に男女で差はないと想定されていた。

現在では、どの見解も事実とは異なることがはっきりわかっている。自己免疫疾患の患者は女性に著しく偏っている。世界中どこの国でも、ほぼすべての種類の自己免疫疾患で患者数は圧倒的に女性のほうが多い。

自己免疫疾患には通常は獲得免疫がかかわっていると考えられている。B細胞などが自己抗体をつくり、体を標的にして損傷を引き起こす疾患である。体に侵入してきた病原体を追って標的にするのではなく、間違って自分自身を狙ってしまうのだ。たとえば、抗体が、細胞の表面にある受容体を標的にして、受容体の作用を妨害する——鍵穴にガムを詰めて鍵を回せなくする状態と同じだ。あるいはまた、抗体が細胞、続いて組織に直接損傷を与える症例もある（Ⅱ型アレルギーと呼ばれる）。全身性エリテマトーデスで生じていることがわかっているⅢ型アレルギーでは、自己抗体が自己抗原と結合して塊をつくる。この場合は、塊になったタンパク質（免疫原と抗体の混合物）が極細の流路や血管に詰まる。これだけでも相当まずいのに、さらに細胞やタンパク質の塊は狭い場所に閉じ込められるため炎症を引き起こす。炎症には痛みや腫れが伴い状況はいっそう悪くなる。ゴメスが命の綱とばかりに腎臓移植を待ち望んでいたとき、彼女の体内ではこのような事態が起こっていたと思われる。

女性の免疫系では、激しい攻撃性とひきかえに自己免疫疾患という高いリスクを伴うことになる。侵入してきた病原体から身を守るために進化した免疫系が、ゴメスの体では悪の道に走り刃向かってきた。ゴメスの身に生じた、もっというとすべての遺伝的女性の身に生じうる強すぎる自己免疫は、女性の遺伝的優位性がもたらした代償であると私は考える。

首の下あたりの胸部に胸腺という主要なリンパ器官がある。B細胞が抗体をつくって病原体と闘うのに対して、T細胞は自らが特定の侵入物に狙いを定めて直接殺す。[*38] 胸腺では、獲得免疫を担うT細胞の教育の仕上げがおこなわれる。

T細胞は骨髄で生まれる。骨髄を卒業すると胸腺へ移動して、免疫の高等教育を受ける。ここでの指導は容赦ない。胸腺にやってきたT細胞には「自己」——自分の体——を異物と認識するものが多く、自己であっても異物と認識したとたん攻撃を開始してしまうため、ほとんどが落第して胸腺から生きて出てこれない――生き残るのは、胸腺に入ったT細胞の約一パーセントだけと考えられている。[39]

胸腺は私たちの生命に驚くほど深くかかわっている。この器官には、T細胞の教育係という重要な役目がある――胸腺で教育を受けなければわがT細胞はひとかどのT細胞にはなれない。胸腺なくして生命なし、だ。ところが、胸腺は心臓のように鼓動を打つでもなく、肝臓のように大きいわけでもなく、年齢が上がると縮んでいく。そのため、私たちはこの器官の存在をあまり気にしていない。

胸腺は、とくに女性にとってはありがたくもあり、やっかいでもある器官だ。女性の胸腺内で教育されたT細胞は非常に攻撃的な暗殺者になる。これはありがたい。一方、同じ殺戮能力が再三にわたって自分に向かってくるのだから、やっかいだ。どうしてこのようなことが起こるのだろうか。すべては自己免疫調節遺伝子（*autoimmune regulator*、*AIRE*）と関係している。[40] *AIRE* 遺伝子がつくるタンパク質は胸腺で数千の遺伝子を活性化する。その結果、心臓、肺、肝臓、脳などの細胞の一部が異所的に発現し、胸腺はさながら細胞のショールームと化す。通常は同一細胞内で発現するはずのない遺伝子がいっせいに活性化されている状態だ。

＊ T細胞にはさまざまな種類があり、それぞれがん細胞を標的にしたり、ウイルスに感染した細胞を標的にしたりする。最近の研究によると、γδT細胞など細菌を直接殺す特殊なT細胞もある。

この一連の流れのなかで、細胞の発表会が開かれる。胸腺で発現した体中の細胞の一部が、骨髄からすでに到着して最終教育の開始を待っているT細胞の前で披露される。ショールームでT細胞の殺戮装置が何かしらを認識すると、このT細胞には自らを死に追いやるよう指示が出される。

ここでおこなわれているのは、T細胞が体のどの部分と反応する可能性があるのかを確かめるいわばベータテストである。この複雑な仕組みは中枢性寛容と呼ばれている。要するに、体に対して自己反応をするT細胞が胸腺から出て末梢まで行かないようにする仕組みだ。このベータテストは男性でも女性でも実施されている。ただし、きわめて大きな違いがひとつある。女性は男性ほど *AIRE* 遺伝子を利用しない。なぜか?

女性は思春期が終わると、エストロゲンの一種であるエストラジオールが *AIRE* 遺伝子の発現を低下させるため、*AIRE* 遺伝子があまり活発に働かなくなる。活性のある *AIRE* がなければ、胸腺のショールームで発現する体の遺伝子も少なくなる。

では女性の免疫のほうが不均衡極まりないほど自分自身を攻撃する理由は何だろうか。

女性では、放っておけば必ず体を攻撃するため、通常は自らを殺すよう指示されるはずのT細胞が、死を免れ温存される。つまり教育が不十分なままで、T細胞の多くが胸腺を卒業して巣立っていく。

活発な免疫系をもつ代償は、味方の誤爆にも似た現象を招く。女性の体は、実際にはありもしないない病原体の攻撃にさらされていると判断してしまうことがあるのだ。

このような仕組みを、私は密かに赤ずきん防御と呼んでいる。病原体を、おばあさんの服を着たオオカミとする。体は、そんなオオカミにだまされるリスクをとるよりも、おばあさん本人をときおり殺しておくほうがまだよいと考える。私たちの体は、自らの細胞や組織を標的にするT細胞を手元にずっと置いておくことによって赤ずきん防御戦略を実行している。免疫系をだます病原体という輩は、実際には別物だというのに、生まれつき備わっている私たちの体の一部と同じ姿で現れる。そのため、この手の病原体に備えて自らの体を狙うT細胞が大切に残されているのだ。

免疫系が採用している赤ずきん防御は、とくに外観を変えることに長けている病原体との闘いにおいてきわめて重要だ。たとえば、毎年違う株が現れるインフルエンザ。インフルエンザウイルスは四六時中形を変えて、私たちの免疫記憶や防御をくぐり抜けようとする。そのため私たちの体はいつも目を光らせておかなければならない。したがって、自己免疫疾患を患っていない人でも、自分自身の体を標的にするある種のT細胞を必ずもっている。おばあさんのふりをして襲いかかろうと待ち伏せている新手のオオカミを片っ端から確実にいない状態にする体の仕組みだ。

女性の場合は赤ずきん防御を実施するために、自分の体を標的にして反応するT細胞を胸腺から高濃度で放出する。その結果、遺伝的女性のT細胞は、体に似ているもの——隠れているオオカミ——か、運が悪ければ自分自身の体を攻撃する可能性が男性よりもはるかに高くなる。おばあさんの服を着たオオカミをしとめる能力はすばらしい。だが女性のT細胞は残念ながらおばあさんの服を着たオオカミではなく、何の罪もないおばあさんをときおり殺すことがある。これが頻繁に起こると、全身性エリテマトーデスなどの自己免疫疾患が発症することになる。

自己免疫疾患の発症率の男女差は思春期後に劇的に変化する。この理由は、ホルモンの影響でも説明できるかもしれない。思春期後の女性ではエストロゲンなどの性ホルモン濃度が上昇する。全全身性エリテマトーデスは思春期前にはあまり発症せず、男女比は男児一人に対して女児二人である。思春期後になると男性一人に対して女性九人とはねあがる。このような傾向は全身性エリテマトーデスのほかに多発性硬化症でも見られる。

とはいえエストロゲンがそれほど直接作用しているわけではない。エストロゲンの及ぼす影響は、体に存在するエストロゲン量によって異なる。少なければ免疫系を刺激するが、高濃度の場合は免疫による攻撃を弱めたり止めたりする。

男性では逆の現象が起こる。

思春期後の男性ではテストステロンの一種であるジヒドロテストステロンが増え、これにより胸腺で*AIRE*の活性が大幅に上がる。*AIRE*が活性化されるのだから、胸腺のショールームでは遺伝的男性のT細胞に、女性よりも容赦ない教育が待ち受けていることになる。

そのままであれば体を認識するはずのT細胞の多くに、死が指示される。これはオオカミには好都合だ。おばあさんの服を着たオオカミはT細胞に攻撃されずにすむ。男性のT細胞のほうがはるかに寛容な理由はここにある（免疫学的にいえば）。

男性にしてみると、おばあさんの服を着たオオカミの正体を見破れなくなるのだから都合が悪い。

これが、免疫の観点からは男性のほうが弱いといわれる一因だ。と同時に、男性が女性ほどには自己免疫疾患にかからない理由でもある。男性の免疫系はどう考えても、厳しくない。

遺伝的優位性の代償として女性が背負うやっかいな重荷には別の要因も考えられる。たとえば自己免疫疾患の女性患者ではX染色体の不活性化が片方に偏っている。胸腺のショールームにあるX染色体がどちらか一方に偏っていれば、それだけその女性のT細胞は自分の体に厳しくなるだろう。なぜならば、少ししか存在しないX染色体由来の提示細胞については適切なT細胞教育がおこなわれないからだ。したがって体の組織や器官でX染色体の偏りがあれば、T細胞はそれらを異物と認識する間違いが生じることになる。

遺伝的女性にのみ起こりうる、片方のX染色体に偏った不活性化が自己免疫の原因なのか、あるいは結果なのかは、まだ解明されていない。[41] 沈黙したX染色体では不活性化を逃れる遺伝子もある。このような遺伝子もまた問題を起こしうる。思い出していただきたい。不活性化していると考えられていたX染色体上の遺伝子の約二三パーセントがそうではなかった。さらにエストロゲンの存在がある。エストロゲンはリンパ球を刺激してサイトカインを分泌させ、自己反応性のT細胞とB細胞の生存を促し、このT細胞やB細胞が自分の体を攻撃する。遺伝的女性と男性に見られる免疫系の違いについては、複雑な仕掛けがいくつもからんでいるのである。

自己免疫あるいは自己反応の問題は、獲得免疫系にいつも大きくのしかかる。とはいえ女性の自己免疫をめぐっては、思わしくない話題しかないわけではない。自己免疫疾患のリスクの高さが女性に有利に働く場合もある。病原体を殺すほかに、女性の免疫細胞を優秀ながんキラーにしている可能性もあるのだ。

私の見るところでは、がん細胞を標的にする作用は一種の自己免疫である。ある種のがんに対して女性は男性よりも耐性を示しうまく闘う。これは、女性の免疫特権の延長にあり、とても重要だと私は考える。

私たちの遺伝子は数百万年という時間をかけて、細胞が誰の体にとってもよい働きをするような方策を編み出してきた。切り傷を治す必要に迫られれば、細胞はしっかり制御された経過をたどって増殖する。細胞増殖に対してはチェックが何段階も入り、体中の細胞は制御下に置かれている。ところが、長生きをするにつれて、増殖を制御する仕組みに損傷が生じる可能性が増す。がんは、暴走した細胞が止めどもなく増殖をして発症する疾病だ。したがって、たいていのがんは老化の必然的な結果といえる。

男性はがんになりやすく、がんで死亡する割合も高い。米国がん協会のデータによると、がんを発症するリスクは女性に比べて男性のほうが二〇パーセント高く、がんによる死亡率も四〇パーセント高い[42]。米国国立がん研究所の監視疫学遠隔成績（ＳＥＥＲ）プログラムが収集したがん登録者の最新の数字を見ると、男女の相違がはっきりわかる[43]。ＳＥＥＲプログラムの報告によれば、以下のがんと診断された男性の数は女性を上回る。膀胱、大腸および直腸、腎臓および腎盂、肝臓、肺および気管支、膵臓のがん、非ホジキンリンパ腫。

遺伝的女性に比べて男性のほうが概してがんにかかりやすい理由は、行動要因だけでは説明しきれない。これは、小児白血病が男児に多く見られることを考えるとよくわかる。小児白血病の大半を占める急性リンパ性白血病（ＡＬＬ）の患者数は、つねに男児が女児を上回っている。* ただし、両性に共通する臓器がんのすべてで男性のほうが多いわけではなく、乳がんや甲状腺がんなどおもに女性が発症するがんもある。

とはいえ腎細胞がんなどある種のがんについては、女性一人に対して男性二人の割合で診断が下る。この数字は居住地域、国民総生産、環境リスク要因、喫煙習慣で補正したものである（かつては男性喫煙者のほうが多かったため男女差はさらに大きかった）。これを米国に当てはめると、毎年新たにがんと診断される男性は女性よりも約一五万三〇〇〇人多いことになる。

ところで、アフリカゾウやアジアゾウといった長寿の動物ががんにならないのはなぜだろうか。アフリカゾウもアジアゾウも *TP53* と呼ばれる遺伝子のコピーをたくさんもっている。[44] 正常な *TP53* は、細胞の増殖を制御する重要な働きをする。さらに悪性細胞の増殖を妨害して、これもまた大切な応急処置をする。もしあなたの *TP53* が不活性化してしまったら、細胞は際限なく増殖し続けることになる。

＊すべての小児白血病がおもに男児で発症するわけではない。まれな白血病である急性骨髄性白血病（ＡＭＬ）は、男女でほぼ等しく発症する。

ほとんどのヒトの場合にならって、あなたも正常な遺伝子を二コピーもっているとすると、細胞が無制限に増殖する状態からはほんの少し距離をおいていることになる。これがゾウならば、*TP53* を二〇コピーもっている。かなりの予備がある。つまり、がんと闘うゾウにはいくつもの選択肢があるのだ。

ゾウがこれほどまでにたくさんの *TP53* がん抑制遺伝子を受け継ぐようになった経緯は正確にはわからない。コピーがすべて機能しているかどうかも不明だ。だがおそらく、その巨大な体や、膨大な数の細胞と関係があると思われる——細胞の数はヒトの約一〇〇倍もある。

とはいえ、細胞を多くもつということは、それだけがんになりやすいということでもある。細胞が多ければ、どれかひとつが道を踏みはずしていく可能性も高くなる。わずか一個の細胞が原因で、相互につながっている体というシステム全体が崩壊する。ここで、一個一個の細胞にあれほどまでにたくさんある *TP53* のコピーが役に立つ。おかげで何十年にもわたってとてつもない数の全細胞で、秩序が確実に維持されるのである。

ゾウは、白血病阻止因子、略称 *LIF* という遺伝子のコピーもたくさんもっている。[*1][45] キーワードは「阻止」だ。*LIF* 遺伝子のひとつである *LIF6* は名前に忠実な働きをする——*TP53* の命令に従い、道を踏みはずした細胞の機構を破壊して死に導く。この仕組みは、必要に応じて利用できる、がんの化学療法装置を内蔵しているようなもの——長く生きる巨大なゾウにはもってこいだ。アフリカゾウやアジアゾウといった動物の研究が進み、いずれヒトのがんについても効果的な治療法が見つかることが期待される。

女性も男性も、*TP53* や *LIF* 遺伝子をふんだんにもっているわけではない。ところが女性には、がんを発症する典型的な経路から抜け出す手立てがある。女性は、X染色体不活性化を免れるがん抑制（ＥＸＩＴＳ）遺伝子群と呼ばれる、六種類のがん抑制遺伝子をX染色体にもっている。[46] ゾウのように *TP53* や *LIF* 遺伝子をたくさんもってはいないが、XX女性は全員、正常に機能するＥＸＩＴＳ遺伝子群を複数コピーもっている。*2

人生のどこかでＥＸＩＴＳ遺伝子群の遺伝子に変異が生じると、がんを発症する可能性が著しく高くなる――とくに男性で。なぜならば男性の各細胞には、これらのがん抑制遺伝子がそれぞれ一コピーしかないからだ。女性の各細胞にはかならず二コピーずつある。つまり男性には正常なＥＸＩＴＳ遺伝子群がなくなっても、女性にはまだ一コピー残っている。*3 がん予防については、女性には選択肢があるということだ。

男女に共通する器官で生じるがんは、男性に比べて女性は発症年齢が遅く、がんの悪性度は低い傾向がある。症例によっては女性のほうが治療に芳しい効果が見られ、全般に生存率が高いという

＊1　ゾウに存在する *TP53* の多数のコピーの場合と同様に、*LIF* の全コピーが完全に機能しているかどうかはまだ不明。
＊2　XX女性で不活性化されたX、つまり「沈黙した」Xから不活性化を免れる遺伝子には、次の六つのがん抑制遺伝子がある。*ATRX*、*CNKSR2*、*DDX3X*、*KDM5C*、*KDM6A*、*MAGEC3*。
＊3　男性のY染色体に似たような遺伝子があるかもしれないが、ＥＸＩＴＳ遺伝子群と同じがん予防効果はなさそうだ。

報告もある。ところが、男性よりもがんをうまく防御している代償として、女性ではほぼすべての自己免疫疾患が男性よりも高い割合で発症する。

女性は、男性には考えられないがん防衛体制をとる。その第一、第二前線を担うのが、細胞が道を踏みはずさないように協力して働く両方のX染色体と、道をはずれた細胞を始末する強い免疫応答だ。

市民からのどんな異議も厳重に取り締まる警察国家にも似て、女性の細胞も自分の体に対してかならずしも好意的ではない――たびたび体に損傷を与えて衰弱させ、それが種々の自己免疫疾患につながる。一方、女性の体はよく機能する抗体と、強く攻撃するT細胞をつくることで、がん細胞との闘いにいっそう成果を上げ、さらにはどんな病原体が障壁となって現れても乗り越えて生き延びられる。

生と死、生存と絶滅を考えると、おそらく超免疫には代償を払うだけの価値があるのだろう。

第6章

健やかに暮らす

女性の健康が男性の健康ではない理由

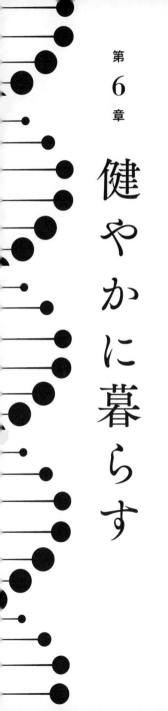

医療は、おもに男性（雄）の細胞、雄の実験動物、男性の被験者を用いた研究の上に築かれてきた[1]。そのため肉体的健康についても精神的健康についても男性から見た決定要因を考えがちだ。多少の例外はあるものの、臨床現場では女性に対して、男性とまったく同じ治療をおこなう。[*1]

性別による違いに対する取り組みは、臨床医学ではほとんど進まなかった。これはひとえに、遺伝的女性にしかない染色体の性質に医学界がまったく気づいてこなかったためだ。女性の細胞は遺伝子レベルで協力し合い、女性は各細胞にある不活性化したX染色体のもつ遺伝子の力を利用している事実を私たちは理解していなかった。もちろん、ここには遺伝的女性が生まれながらに免疫特権をもち、これが感染やがんとの闘いに好都合だという事実も含まれる。現在では、女性の免疫特権が自己免疫疾患という高い代償をもたらすことがわかっている。その一方で、二本のX染色体のおかげで女性は生得的に遺伝子レベルでの強さと多様な能力に恵まれていることは否定できない。ところが、これまで医薬品開発や検査あるいは医療の実践が進展してきたなかでは、男女に見られる重要な違いはすべて過小評価されてきた。

ここに簡単に解決できそうにない深い隔たりがあると私が最初に気づいたのは、初めて抗菌薬の開発に取り組み、初期段階まで進んだときのことだった。この薬では、メチシリン耐性黄色ブドウ球菌（学名スタフィロコッカス・アウレウス *Staphylococcus aureus*、ＭＲＳＡ）など多剤耐性スーパーバグ（超細菌）との闘いを目指していた。新しい薬や治療法を開発する際には実際にヒトで試す前に前臨床段階を経ることが、米国食品医薬品局（FDA）などの政府機関によって規定されている。前臨床段階には細胞や、ヒト以外の動物を用いて、候補となっている治療法の効力や安全性を確認し、その証拠を提出することが含まれる。

亜鉛や鉄といった金属は、男性と女性とで摂取必要量が異なる。[*2] 私が扱っていた抗菌化合物には金属系のものがあったので、雌雄のマウスで実験結果にどのような違いが現れるのか、私は個別に試してみたくなった。

「はじめに」で少し触れたように、雌のマウスについては入手しづらいという問題があった。この類の感染症のモデル実験で通常は雄のマウスしか使っていなかった事実を知ったとき、私は少々戸惑った。

FDAの文書では一九八七年の時点で、新しい薬や治療法の承認を求める際の各種試験における、雌雄動物の使用に関するガイダンスが公表されている。[3] 次のような内容だ。「男女両性の使用を対象とした医薬品の前臨床安全性研究には両性の動物を含めることとする」。[4] ひとつだけ問題があるとすれば、このガイダンスが規制ではなく提言だったことだ。FDAから承認されるためには必ず

＊1　例外には、婦人科と産科の問題、骨粗鬆症などがある。
＊2　一九歳以上の男女では一日栄養所要量（RDA）は異なる。亜鉛は男性一一ミリグラム、女性八ミリグラム。鉄は一九歳から五〇歳までの男性では八ミリグラム、女性では一八ミリグラム。

従わなければならない性質のものではなかった。

雌を発注した時点ですぐに用意できる実験動物飼育施設はほとんどなかったため、雌雄同数のマウスを確保して研究を進めたいのであれば、雌は別枠で注文しておかなければならないことに私は気づいた。同僚がたいていは雄のマウスだけで前臨床研究（非臨床研究）をしている実態を知ったときにようやく、雌の発注はかなり珍しいリクエストなのだと私にもわかった。

雌マウスを発注すると実験の開始が数か月は遅れ、予定が後ろ倒しになってしまう。そのくらい待てばよかったのに、と今なら思う。それから数年後に私は気づくことになるのだが、最終的に雌と雄のマウスを使った前臨床研究では、雄だけを用いた実験とは異なる結果が得られる。この違いに気づいたおかげで、必然的に私はその後の創薬設計戦略を修正できた。私の場合はこのような経緯をたどったが、ほかの研究者については、ごく初期のころの創薬研究で雄マウスだけを用いて得られた結果からは、厳密には半分の臨床成績しか予測できていなかったと思われる。

前臨床研究で雌マウスも用いれば性別に起因する問題はすっかり解決するかというと、そうでもなさそうだ。現在、研究で使われている雌マウスの大半は何世代にもわたって同系交配されてきたものだ。ヒトの場合、女性の全細胞には異なるX染色体が二本あるのに対して、同系雌マウスのX染色体は二本ともまったく同じである（要するに、遺伝学的にはある意味、雄マウスに近い）。つまり同系雌マウスには、女性や、同系でない雌マウスがもつ遺伝的多様性がなく、同様に遺伝子レベルでの協力からあずかる恩恵もない。したがって、雌マウスを使って研究をはじめるとしても、このわずかながらも重要な差異を考えに入れておかなければならない。

臨床研究で遺伝的性差を考慮するようになったのは比較的近年のことだ。一九八〇年代から一九九〇年代の新薬承認申請（新薬承認に至る長くて険しい道のりの第一歩）を調査した研究によると、臨床試験に女性は含まれていたものの、その多くは女性をじゅうぶんに代表するほどの人数ではなかった。[5]

このようなギャップが後押しとなり、一九九三年、米国国立衛生研究所は、同研究所が助成する臨床研究では被験者に女性を選定することを必須とした。[6]臨床試験における女性被験者の包含問題を扱う最近の研究で被験者一八万五千人を調べたところ、女性が大幅に少ない事例はなかった。[7]よい傾向だ——大きく前進している。とはいえ、過去の医学研究では基本的には男女の違いに目を向けてこなかったため、今なお改めなければならない点がいくつもある。

臨床試験に女性被験者が含まれていても、薬や医療処置における性差やジェンダー差にもれなく注意を向けているわけではない。たとえばＦＤＡの新薬承認申請に、性別ごとの推奨用量は見あたらない。つまり対象となる薬の代謝や排泄が男女で異なっていても考慮されていない。

アルコールで考えてみよう。エタノールは世界中でもっともよく摂取されている娯楽的薬物の代表格だ。平均すると男性に比べて女性のほうがアルコールを代謝するのに時間がかかる。したがって女性はグラスを重ねるたびに男性以上に、アルコール摂取に伴う有害作用に苦しむことになる。

薬物代謝に男女で差がある事例は、ほかにもたくさんある。私が医師になるための研修を受けたころは、睡眠導入剤のアンビエン〔訳注：サノフィ・アベンティス社の商品名〕（ゾルピデム）は女性も男性も同じ投与量を処方するようにと教えられていた。今は、遺伝的性別を考慮する。なぜか？

アンビエンの場合、遺伝的性別を区別しないと危険な状態になる可能性があることが判明したからだ。長年にわたって何百万人分もの処方箋が書かれた末にやっと、女性は男性よりもアンビエンの催眠作用を受けやすいことが報告され、これをきっかけに同薬の安全性がようやく見直され、その結果、誰も予想していなかった事実が明らかになったという次第だ。

アンビエンの用量は性別に合わせて変えなければならないと、FDAがついに認めたのは二〇一三年四月のことだった。[8] 男性に比べて女性はアンビエンの代謝に時間がかかることを、FDAが公表するまではほとんどの医師は知らなかった。そのため、従来の用量を摂取していた女性は翌朝、寝覚めが悪く、もうろうとする。一方、男性はたいていは疲れもとれてすっきり目覚める。というわけで、FDAの新しい指針では女性の用量は一〇ミリグラムから五ミリグラムに減らされた。[*]

薬の吸収、分布、代謝、排泄は、遺伝的男性と女性の体ではそもそも違うことに疑いの余地はない。タイレノール〔訳注：ジョンソン・エンド・ジョンソン社の商品名〕（アセトアミノフェン）のような市販薬でも男性の体から取り除かれる速さは女性とは異なる――二二パーセントも速い。[9] 二一世紀の初めにヒトゲノムの塩基配列が決定されて以降、関連する研究は大きく進んだが、遺伝的性別によるこのような相違を説明する遺伝子レベルの根本的な経路の理解までは至っていない。

薬物が体内で処理される過程を研究する専門領域を薬物動態学という。薬物動態には有意な性差が見られることを、この分野の研究者は以前から知っていた。体内では、先に記したような薬物動態にかかわる各要因（吸収や排泄など）の作用で薬物濃度が増加したり、減少したりするわけだが、これは遺伝的性別によって変わる。同じ量の薬が一方の性別にとっては有毒となり得る。あるいは、片方の性別では薬が速く分解されるため、有効性が減少したり、まったく消失したりもする。

前臨床段階で、雄（男性）の細胞や雄の実験動物だけを用いて安全性や有効性を評価すると、薬によっては女性は男性よりも有害反応を起こすリスクが高くなる。臨床薬物試験は、おそらく雄（男性）の細胞や雄の実験動物だけを用いたであろう前臨床試験の結果に基づいて設計されるため、女性に特有の薬物処理能力がかならずしも考慮されているわけではない。[10] 雌（女性）の細胞や雌の実験動物を用いない理由は、米国ならばＦＤＡなどの薬の承認許可を出す機関がそれを必須としていないことにある。

その結果、臨床試験で薬を処方する前も、あるいは薬が承認された後も、薬の処理能力に関する男女の違いまではあまり検証されない。たとえば薬のなかには、女性の場合、心臓の拍動——心臓

＊ アンビエン（ゾルピデム）の添付文書に記載されている用量は二〇一三年に、女性については半分にされた。即放性製剤は一日一〇ミリグラムから五ミリグラム、徐放性製剤は一日一二・五ミリグラムから六・二五ミリグラム。男性については従来と同じまま。

は拍動を繰り返して血液を体中に送り出す――が敏感に反応しすぎるものがある。この事実を考慮しなければ、ある種の心臓病薬は女性の命を危険にさらす可能性がある。実際に、女性に致死性不整脈（たとえばトルサード・ド・ポアント）を起こすリスクが高いため市場から回収された薬がある。初期の研究や臨床試験に男女同数の被験者が含まれていたら、おそらくこのような事態は防げたと思われる。

長年にわたって女性が服用してきた薬に抗ヒスタミン薬、セルダーン（一般名テルフェナジン）とプロプルシド（一般名シサプリド）〔訳注：セルダーン、プロプルシドは商品名。どちらも現在は市場から撤退している〕がある。夜間の胸焼けを抑える薬だったが、一錠飲むたびに、心臓の拍動が乱されるリスクが高くなるとは誰も気づいていなかった。[11]セルダーンとプロプルシド以外の薬が同じような働きで、女性の心臓にどの程度まで有害な影響をもたらすのかは、まだ解明されていない。

たとえば強心薬のジゴキシンを体から取り除くまでにかかる時間は、女性のほうが長い。その原因は、肝臓で発現するＵＤＰグルクロン酸転移酵素の活性が女性では低いことにある可能性が高い。[12]私たちが体に取り込んだ毒性化合物を分解するＵＤＰグルクロン酸転移酵素には、薬に対しても同様の作用がある。

横行結腸の長さは、一般に男性よりも女性のほうが長い。また、胃運動と腸管輸送は女性のほうが時間がかかる。つまり、女性は何を食べても、それが消化管を通過して出口に到達するまでに男性よりも長い時間を要する。これは、抗アレルギー薬、クラリチン〔訳注：メルク社の商品名（一般名ロラタジン）」のように空腹時に服用する薬の場合、女性は食後、実質的に男性よりも長い時間をあけて薬を飲まなければならないことを意味する。[13] あらかじめ対策をとっておけば胃はじゅうぶん空になり、薬を最大限に吸収できるようになる。

さらに、女性にだけ効いて、男性には効果がない薬もあり、問題を複雑にしている。代表的な薬がゼルノーム〔訳注：ノバルティス社の商品名（一般名テガセロッド）〕。[14] 便秘を伴う過敏性腸症候群の治療薬であるゼルノームは男性には効果がなく、女性にだけ認可されている。臨床研究に女性被験者が参加するようになる以前に有効性が調べられていたら、女性が受けているゼルノームの恩恵は今もまだ見つかっていないはずだ。

また、NIHに設けられた女性の健康に関する研究諮問委員会が最近開いた会合で、脳卒中研究者のルイーズ・マカルー博士が報告した実験結果には大きな衝撃を受けた。[15] 博士が実験で使っているマウスの細胞は、雄由来と雌由来とでは虚血性神経細胞死の経路が異なっているため、結果が一致しないという。つまり、雄の細胞と雌の細胞は見かけ上は区別できないのに、死に至る経路は完全に区別できる（雄と雌の細胞は死ぬときも生きているときと変わらず、どちらも同じ振る舞い方をすると考えるのが間違いだとすると、これは驚くべき発見）。マカルーの報告に刺激された研究者のなかには、細胞死の経路が同じではないのだとすると、細胞の基本的な生命過程にも違いがあるのではないだろうかとにらんで者もいる。マカルーの発見は性別依存性研究に新しい道を開いた。ここからいずれ、男女両方に効果の高い治療法が導かれることが期待される。

性別による違いがもたらす医学への影響は計り知れず、これに対する私たちの理解はまだ緒に就いたばかりだ。新薬療法の臨床試験に女性被験者がさらに参加するようになり、長年の医学通念を、性別の視点から再評価するようになれば私たちの知識は間違いなく深まるはずだ。

私は長年、研究をしてきたなかでヒトの解剖学的構造に見られる性別による違いについては、取り組まなければならない問題がまだたくさんあると気づいた。人体の解剖学的構造ならば、もうすでにわかり尽くしていると思い込んでいる人は多そうだ。おおむね間違ってはいない――人類が男性だけで成り立っているとすれば。

私は医学校の最終学年の年にステファニーに出会った。ステファニーは四〇歳代半ばで、私に診察予約を入れたのは、彼女には長年かかえている気恥ずかしい悩みがあり、それが第一子を出産後、ますますやっかいになってきたためだと打ち明けた。私はステファニーの病歴を、現在の症状も含めて詳しく探り出すことにした。

彼女はかかりつけ医から、尿道下スリング手術〔訳注：腹圧性尿失禁を治療するために尿道を支えるテープを挿入する手術〕を専門とする泌尿器科医を紹介され、そこを訪れると腹圧性尿失禁――咳やくしゃみをしたり、笑ったりすると膀胱に圧力がかかり、意図せず尿を漏らす症状――の状態にあると診断され手術を勧められたという。ステファニーは手術と、手術をしたら何が期待できるのかについて基本的なところで疑問をもっていた。

まず私は通常の検診項目を彼女に尋ねた。内容は、腹圧性の尿漏れを誘発する一般的な要因に関するものだった。私が準備していたチェックリストのほとんどの項目に、彼女はノーと答えた。私はリストとクリップボードを脇に置いて、彼女が現在かかえている問題をありのまま話してほしいと頼んだ。

「じつは……いつも漏らすわけではありません。そうなるのは、パートナーとセックスをしているときだけです。終わり近くになってオーガズムに達するあたりで、漏らしちゃいそうだと思ったら、出てしまうんです。そうなったらぐっしょり濡れて、気持ち悪いくらいです。パートナーは理解してくれています……彼は気にしていないようです。けれど、私はどうにも気になります。自分ではうまく止められないことが、嫌で嫌でたまりません」と答えた。

ステファニーの症状は腹圧性尿失禁ではなさそうだった。[16]私の問診リストのどの項目にも該当しなかった。セックス中のコントロールできない尿漏れ（性交失禁）は女性には起こりうるが、通常はステファニーがいうようなオーガズムとの関連はない。

私はステファニーの症例を件の泌尿器科医に示して、彼女が話したことをすべて伝えた。泌尿器科医は私の問診に謝意を表しつつ、腹圧性尿失禁の症状はさまざまな形で現れるものだと教えてくれた。

ステファニーは手術を受けたが、うまくいかなかったことを私は数か月後に知った。それほど驚かなかった。というのも、この種の手術の短期「治癒」率は一〇〇パーセントではないからだ——現実的には八〇パーセントくらい。それでも私は、ステファニーの体では何かほかのことが起こっている気がしてならなかった。本当の「問題」は失禁ではなく、女性の射精にあったのだ[17]。

私の臨床研修と経験からいわせてもらうと、医学の主流は、女性の解剖学的形態と性行動という特定の領域については、いまだにほぼ沈黙を貫いている。医師は研修期間中、どちらの詳細もまず学ばない。

ところが、女性が「女性の体液」を射出できることを今から一五〇〇年も前にアリストテレスと医師ガレノスは見抜いていた[18]。この時代には、それが男性の精液に相当するもので、両方が混ざると妊娠すると考えられていた。では、この体液は女性の体のどこから出てくるのだろうか。

そう、女性前立腺。女性前立腺は最近発見されたものではない。一七世紀、オランダの解剖学者で医師のライネル・デ・グラーフが女性の生殖器の解剖学的形態を詳しく書き記している[19]。自身の手で丁寧に解剖して、その結果をまとめた書物のなかに、彼が男性の前立腺になぞらえて「女性前立腺」と呼んだ部分もある。デ・グラーフは女性前立腺から出てくる体液と、性交時に潤滑の役割を果たす膣分泌液とをきちんと区別していた。

女性の身体構造上の特性と能力に気づいていたのはデ・グラーフだけではなかった。一八世紀に英国で医師として働いていたウィリアム・スメリーは女性の射精について、女性の体内で産生され「前立腺あるいは類似の腺から射出される体液」と書き記している[20]。

だがステファニーの症状は、現代の医学の見解に従い尿失禁と診断された。それ以外の臨床的説明を誰も検討すらしなかった。今回、判断を誤った原因を探ると、一九世紀のスコットランドの婦人科医、アレクサンダー・スキーンにたどりつく。現在でも、世界中の教授や医学生から信頼されている臨床解剖学の教科書にはどれも、明らかに抜け落ちていることがひとつある――間違った記載がされている、といってもよいかもしれない。

スキーンは、尿道の両横の小さな開口部につながるとても細い腺を発見したのだが、重要なことをひとつ見落としていた。スキーンの二〇〇年前にまったく同じ腺について書き記していたのがデ・グラーフだった。デ・グラーフは、この腺は尿道に直接体液を放出すると考えた。そして、この腺を女性の射精の源と突き止めたことはきわめて大きな意味をもっていた。だが私はデ・グラーフの研究については何も学ばなかった。聞かされたのはスキーンの話ばかりだった。

現在、解剖学の教科書でスキーンの名前を探すと、「スキーン腺」(女性前立腺ではない)に触れている個所が一、二ページほどは見つかるはずだ。[21]私たちがいまだにスキーン腺と呼んでいる器官は、実質的には女性前立腺である。スキーンは、自分が記載した腺の機能について、あるいは女性の前立腺が男性の前立腺と発生学的に関連していることについては考察を深めなかった。

二〇〇一年、国際解剖学会連合は「スキーン腺」から「女性前立腺」へ名称を正式に変更した。[22]女性ならば誰でも自分の前立腺から分泌される体液に気づくわけではないが、ひとつ確かな事実がある――どの遺伝的女性も前立腺をもっているということだ。女性の放出する体液に前立腺特異抗原（ＰＳＡ）と前立腺酸性ホスファターゼ（ＰＡＰ）が含まれることも現在では確認されている。[23]どちらも以前は男性の前立腺でだけ産生されていると考えられていた。

にもかかわらず、この部分の記述を名称変更どおりに書き直していない医学の教科書が、なぜだかまだたくさんある。だから、女性が興奮している状況下で放出する外因性の体液は、意図せず出てしまう性交時失禁でしか説明できない、と思い込んでいる医師がいるのだ。

ステファニーはこの二一世紀にあって、一九世紀の女性解剖学および生理学という時代遅れのモデルに基づいて治療された。現代医学が、皮肉にもデ・グラーフが書き記した三〇〇年越しの女性前立腺を採用していたら、ステファニーの症状は病的なものとは診断されなかっただろうし、不当に手術されたりもしなかったはずだ。

最近、一見関係なさそうな病状の患者を診たとき、私はステファニーの症例を経験していたおかげで助けられたことがあった。サマンサは四一歳、健康な女性だった。富裕層向けのコンシェルジュクリニックから私のところに紹介されてきた。新しい勤め先で管理職向けの精密な健康診断を受けたところ、説明のつかない結果をわたされたとのことだった。

サマンサはときおり急性偏頭痛を起こすことがありトレキシメット〔訳注：グラクソ・スミスクライン社の商品名（一般名スマトリプタン・ナプロキセン合剤）〕を服用していたが、それ以外に問題はなかった。六か月ほど前にホルモン付加型ＩＵＤを着けたが、こちらも合併症はなかった。

サマンサが紹介されてきたのにはちょっとした事情があった。医療ミスがあったのだ。最高級の医療サービス体制でも医療ミスは起こる。軽微な事故から甚大な事故まであらゆるミスは起こりうる。

じつは、サマンサがコンシェルジュクリニックを初めて訪れたときスタッフがうっかりして、彼女を男性として登録した。サマンサはサムとも呼ばれていたからだ。私は自分の経験から、この類の間違いがよくあることは知っている。というのも私の名前、シャロンは男性には比較的珍しいので、検診で初めての医師に診てもらうときなどは、医療上必要ないのに婦人科検査用の部屋を用意されたりする。

サマンサは電子カルテに男性と記録されてしまったため男性用血液検査がオーダーされ、そのまま血液試料は分析センターに送られた。戻ってきたサマンサの検査結果は、なんと前立腺特異抗原の値が高かった。ＰＳＡ濃度については一ミリリットルあたり四・〇ナノグラム未満ならば正常と考える医師がほとんどだ。ＰＳＡ濃度を前立腺がんのスクリーニングに利用することに関しては現在も議論はされているが、一ミリリットルあたり四三・二ナノグラム（サマンサの検査結果）は即、前立腺の画像診断と生検を強く勧められる数値だ――サマンサが男性ならばだが。ところが、サマンサは遺伝的女性で、したがって現代医学の見解では前立腺がないはずだ。では、なぜ彼女のＰＳＡ濃度は高かったのか。

ＰＳＡ濃度が上昇した経緯も理由も説明されないまま、サマンサはさらに詳細な精密検査を受けるようにと私を紹介されてきたのだった。

私は彼女を、泌尿器腫瘍学を専門とする泌尿器科医につないだ。サマンサはスキーン腺がん、別名、前立腺がんを発症していた[24]。PSA濃度が上昇していたのは、じつは遺伝的女性にはほぼ発症しないはずのがんにかかっていたからだった。その後、サマンサは手術を受け、高PSA濃度の問題も解決した。

ステファニーの症例経験から、女性には前立腺があり、そんなはずはないと先入観をもってはならないことを私は教わった。そして、きわめてまれな事例とはいえ、前立腺があれば女性もがんになる可能性があることも教えてもらった。以前は乳がんも女性だけがかかると思われていたが、現在ではどちらの遺伝的性別でも乳がんと診断される可能性があると理解されている。

医療ミスはまずもって円満には解決しない。だがサマンサの場合は、医療ミスのおかげでめでたい結末を迎えた。最初に女性ではなく男性の扱いで検査が進められていたため、まさにこの医療ミスが命を救うことにつながったといえる。遺伝的性別に見られる相違点と共通点をもっと広く知り、どちらの性別の治療法もいっそう深く理解する日がくることを、私は期待している。

医学の未来について話をする前に、イタリアのボローニャを訪れて、少し過去を振り返る旅をしてみよう。ボローニャでは一〇〇〇年ほど前から、柱廊と屋根付きの歩道（ポルティコ）のおかげで歩行者は日差しや雨をよけて心地よく歩くことができた。街自体が繁栄するようになったのは、ローマ人が支配していた二〇〇〇年以上前にさかのぼる。現在のボローニャはラ・ドッタ、ラ・グラッサ、ラ・ロッサの愛称で知られている。伝統を誇る大学のある「学問の都」、モルタデッラ〔訳注：太いポークソーセージ〕とミートソースとトルテッリーニ〔訳注：詰め物をした円形パスタ〕を生んだ「美食の都」、塔や壁や宮殿にはめこまれた煉瓦の色に染まる「赤の都」という意味である。

ボローニャに大勢の人が流入し、住居を求める声が高くなってきたころ、この街には建物を新しく建てる土地がなかった。そのため、すでにある建物に増築を重ねていったことが、まさに通りの上にあふれでるような建築物のはじまりだった。これが、いつしか約二五マイル（四〇キロメートル）に及ぶポルティコとなった。現在、ポルティコは、ボローニャ大学で学ぶためにイタリア各地からやってきた何千人もの学生であふれている。

ボローニャ大学は一一世紀に創設され、途切れることなく存続している西欧で最古の高等教育機関だ。ラジオを発明したグリエルモ・マルコーニ、詩人のドゥランテ・アリギエーリ、通称ダンテなど、著名な卒業生や教授陣を輩出している。

そのボローニャでポルティコを歩いていたとき、煉瓦の鉄赤色が目にとまり、私はそもそも今、自分がイタリアにいる理由を思い出した。ヒトの病気の発症に鉄が果たす役割を遺伝子の観点から探っている研究について、講演をする予定になっていた。

私がとくに注目していたのは、遺伝性ヘモクロマトーシス（血色素症）と呼ばれる、当時はあまり知られていなかった遺伝子疾患だった。[25] ヘモクロマトーシスは、食事から鉄を過剰に吸収する病気だ。ヘモクロマトーシスと関連する遺伝子は*HFE*といい、第六染色体にあることがわかっている。[26]

私は二〇年ほど前からヘモクロマトーシスを研究してきた。当時の医学界ではおおかたが、私が研究しているこの病気は希少だと考えていた。だが希少とはいえ、ヘモクロマトーシスが健康にもたらす影響は、すでに可能となっている処置で予防できる。将来、自分にヘマクロマトーシスを発症する可能性があることを知らない人〔訳注：症状が現れるまでに二〇〜四〇年を要するため、四〇〜六〇歳での発症が多い〕を救うには、この病気に対する関心を高めることが重要だと、私は当時も今も考えている。

現在では、ヘモクロマトーシスは「サイレントキラー」であることが明らかになっている。この病気は西欧系と北欧系の人できわめてよく見られる変異によって引き起こされる。当該男性の三分の一ほどが*C282Y*または*H63D*と表される変異遺伝子を少なくともひとつもっている。ヘモクロマトーシスにかかり体内に鉄が蓄積すると酸化ストレスが生じ、体も「さびて」ダメージを受ける。治療をしないと、「ブリキの木こり」〔訳注：『オズの魔法使い』の登場人物。関節がさびて、体を動かせなくなる〕のようになる——体の内部からすぐにさびてくるのだ。あちこちの関節に影響が出て、人工股関節置換を余儀なくされたりもする。やがて肝臓や心臓といった器官がダメージを負いすぎて機能不全に陥り、生命を支えられなくなる。

ヘモクロマトーシスには意外な特性もある。遺伝子変異はX染色体に連鎖していないにもかかわらず、男性のほうが発症しやすい。これは、遺伝的女性の多くが月経や出産で鉄を失うためだ――血液と体内から鉄量を自然に減らすライフイベント[27]というわけだ。よって大多数の女性は知らない間にヘモクロマトーシスから守られていることになる。この病気を患う女性は、たいてい閉経後、余分な鉄が月経血と一緒に失われなくなったところで発症する。

ヘモクロマトーシスの治療には今でも静脈切開、つまり放血が通常診療として施される[28]。数世紀前に広くおこなわれていた、両刃のメスで血管を切る瀉血と似た方法だ（だが瀉血よりも安全）。

ボローニャの街で私はポルティコをたどってアルキジンナジオ通りを南に歩きながら、軒先に掛かっているポスターにふと気をとられた。床屋のサインポールが描かれていた。床屋のサインポールはもともとは何世紀か前のこの地区では、床屋である外科医による瀉血がおこなわれている場所を知らせる印だった。数百年前にこの同じ通りで施術されていた方法が、現在、ヘマクロマトーシスの治療で使われている事実に私は驚きを覚えた。

血液にまつわる、そんなあれこれを考えているうちに、私はボローニャ大学アルキジンナジオ館の入口を通り過ぎてしまい、あわてて引き返した。やっとアルキジンナジオ館に着いたところで、しばし門に見入った。私の目には、医学の過去と未来に通じる門と映った。現代の医学の大半は、ボローニャをはじめパドゥアなどイタリアの都市でおこなわれていた人体の解剖にはじまる。医学の初期を担った偉人たちが、この何の変哲もない同じ歩道を通って毎日仕事に向かっていたのだ。

私はアルキジンナジオ館の解剖学階段教室に進んだ。アルキジンナジオ館にある、いかにも畏敬の念を抱かせる部屋は、もとは一六三七年に造られた部屋の復元だ。当時、最先端の医科学を学ぶためにヨーロッパ中から人々がやってきていた。初代の解剖学教室は、第二次世界大戦の終わり間際に連合国側の空襲によってほぼ破壊された。

再建された部屋では、中世風の階段教室の中央に大理石の石板が置かれている。かつてこの場所で、人間の体がゆっくりていねいに解剖され、好奇心でいっぱいの見物人が目の前で進行している事態に釘付けになっていた。

解剖台を見わたせる椅子に座った私は、ほとんど何も変わっていないことに胸を打たれた。生きている人間が死んだ人間から教わることはまだたくさんある。

私が初めて人体の秘密に取り組んだ解剖室を去ってからもう何年もたっていた。私が過ごした解剖学教室の壁はトウヒ材の羽目板張りではなかった。天井にはめこまれた一七世紀の荘厳なアポロン像が、作業をしている私を見下ろしているわけでもなかった。床にはクリーム色のリノリウムが敷かれていた。遺体はステンレス製のストレッチャーに置かれ、頭部は使い込まれたブロック状の木で支えられていた。ただ、部屋からの眺めはとびっきり素晴らしかった。二一世紀のマンハッタンに広がる空を見わたせた。

人体の解剖標本をつくる技法*や解剖学研究の基本的なところは変わっていない。なぜならばヒトの体が変わっていないからだ。ところが、人体を調達する方法はがらりと変わった。かつて解剖された死体は、医学研究の発展を望む人から無償で提供された献体ではなかった。アルキジンナジオ館では、盗んできた死体や、斧や首つり縄で死刑が執行されたあとの死体を使って公開で解剖がおこなわれた。男性のほうが多く処刑されていたため、解剖をしてじっくり研究できる死体ももっぱら男性のものだった。

死刑になる女性はほとんどいなかったものの、女性も処刑されればその多くが解剖台に乗せられた。ほかには出産時に合併症で亡くなった女性もいた。当時の解剖学研究を見ると、性別による違いに対する関心が高かったようだ。とくに女性の生殖器官の解剖学的構造、わけても子宮に注目が集まっていた。

フィレンツェなどのイタリアの都市では、男性、女性、乳児、胎児を細かく模した、本物そっくりの解剖模型もつくられていた。組織と骨に蠟を組み合わせた不気味な模型のおかげで、人肉の腐敗臭に身構えることなく人体をながめることができた。蠟製の模型は現在でもボローニャ大学に多数展示されている。

私はボローニャ大学で、とくに一体の蠟製の模型に目を引かれた――「小さなビーナス」を意味するベネリーナという名の若い妊婦の模型だった。制作者はクレメンテ・スシーニ、一八世紀のフィレンツェで名を馳せた、解剖模型専門の蠟細工職人だ。ベネリーナは二〇〇年も前に亡くなった

＊ 解剖学的形態を理解するための指導目的でおこなわれる死体解剖も含む。

若い女性の忠実な複製だ。この模型が、通説どおりかつて生きていた人物の実際の姿だとすると、彼女は身長約四フィート九インチ（約一四五センチメートル）、一〇歳代で妊娠中に死亡したようだ。ベネリーナの見学は、心臓が強くない人にはあまりお勧めしない。気にせずじっくり観察できる人ならば、死んだ状態にある彼女から何かしら教わることがある。

ガラス越しのベネリーナは仰向けになって安らかに横たわっている。腹壁と胸壁は取り外せるつくりになっているので、解剖しているような気になれる。模型は分解され、さまざまな内臓があらわになっていた。心臓は胸部に置かれたままだが切り開かれていて、左右の心室がむき出しだった。ガラスに近づいてよく見ると、ベネリーナの蠟製の心臓には何かおかしな点があるのに気づくと思う。

ベネリーナの心臓は心室の厚さが左右で同じだった。これは、ほとんどの人に見られる正常な所見ではない。通常は左心室のほうが厚い。左心室は大きな圧力で動脈血を送り出さなければならないからだ。ベネリーナの心室が左右同じ厚さの理由も目の前にある——蠟で忠実に再現されている。[29]そこには大動脈と肺動脈をつなぐ小さな管がある。現在ならば、この状態は動脈管開存症（ＰＤＡ）と診断される。通常は胎児期にだけ存在する管が出生後も開いたまま残り、成人になった状態のことだ。今日では、合併奇形を伴わないＰＤＡは女性のほうが二倍多いことがわかっている。だが、その理由はまだ解明されていない。ＰＤＡでは動脈血と静脈血が混ざり、心臓内部にかかる圧力が等しくなる。これが、ベネリーナの心室が右も左も同じ厚さで、異常だった理由である。こういったいいっさいが蠟模型から見てとれる。

それから二〇〇年以上もあとの時代に解剖を繰り返していた私は、自分の目ではここまで詳しくかつ総合的に確かめられなかった――そのためコンピュータ・シミュレーションの力を借りた。蠟製の解剖模型は細部への深いこだわりによって、本物と思わせるほどありありとした仕上がりになっている。なかには本当に生きているかのように見える模型もあり、展示ケースをよじ登ってホテルまでついてきそうだった。

医学が近代化されるにつれて、私がボローニャで見た性別による違いに対する関心は、きわめて微妙なものについても、決して微妙ではないものについても失われていった。こういった違いを察知できるかどうかは、医療の実践にきわめて重要な影響をもたらす。ベネリーナに見られるような明らかな病気の兆候を目で見て診断する際にも多分にかかわってくる。

研究によると、医師が視診をする能力にはかなりのばらつきがあるそうだ。[30] とはいえ、どこを調べて、何を探すのかさえ知っていればじゅうぶんな状況もある。悪性黒色腫で考えてみよう。患者が助かる見込みがもっとも高いのは、今でも、慎重な視診による早期診断だ。悪性黒色腫はきわめてまれな皮膚がんだが、死亡率はかなり高い――とくに高齢の白人男性がそうだ。[31] これは、皮膚の色が薄い人ほど、日光からの紫外線照射によるＤＮＡ損傷を受けやすい事実からも予測できる。だが、悪性黒色腫が女性よりも男性に多く見られる理由はまだ解明されていない。

悪性黒色腫を防ぐための最善の策は今日でも、直射日光を避けることだ。ペルーのアルティプラノでジャガイモを研究していたころ、紫外線量が平地よりも三〇パーセント多い彼の地で、私はせっせと日焼け止めを塗り、いつも帽子をかぶって午前一一時から午後二時までのピーク時は太陽を避けるようにしていた。だが残念ながら、毎度毎度そういわけにはいかなかった。遺伝的男性は女性に比べて悪性黒色腫にかかりやすく、予後も悪い――おまけに治癒率もかなり低い――ことを考え合わせると、まったくよろしくない話だった。

悪性黒色腫は遺伝という生物学の観点からだけでなく、行動からも予測されることが研究からわかっている。また行動は、悪性黒色腫の発症部位が男女で異なる原因でもある――男性は背中と胴部、女性は下肢に多い。[32] 人というものは往々にしてその時代の流行《はや》りを追い、身体の特定の部位ばかり露出する服を着るものだ。これがおそらく、遺伝的男性と女性とで悪性黒色腫の発症部位に違いが生じる原因と思われる。要するに、悪性黒色腫では、太陽からの紫外線を浴びることがもっとも大きな環境リスク要因となる。

さまざまな行動が影響を及ぼすため、悪性黒色腫の発症率や予後が性別によって異なる正確な理由を引き出すことは難しい。現在わかっているところでは、遺伝的女性には皮膚がんから身を守りさらに克服もするという強みがあり、その大きな理由のひとつはどうやら遺伝的女性のもつ免疫特権にありそうだ。

発症頻度や治療成績に性差が見られるがんは、悪性黒色腫のほかにもある。先に触れたが、結腸直腸がんは男性に多い。[33] 女性が結腸直腸がんを発症する場合は右側、男性はたいてい左側の結腸で見つかる。理由は不明だが、この違いは現実的な問題とからんでいる。遺伝的女性の場合、最終的にがんになる結腸ポリープは直腸よりも奥でできるため、S状結腸鏡検査では見落とされる可能性が高い。さらに一般的に女性が結腸直腸がんと診断される年齢は男性よりも五歳遅い。したがって、高齢になっても大腸内視鏡検査を継続することは、右側の大腸がん発見という点で男性よりも女性に有益と思われる。

がんについては現在明らかにされつつある、性別による違いもある。喫煙習慣のない男女における肺がんの発症だ。まだ理由は解明されていないが、女性非喫煙者は男性非喫煙者よりも肺がんになる割合が高い。遺伝的男性喫煙者については女性喫煙者よりも肺がんにかかりやすい。

あえていうなら、人体のどこをのぞき込んでみても、女性と男性の器官は同じようには振る舞っていない。性別によるこのような違いは、私たちの細胞のひとつひとつに性別があり、したがって細胞からなる組織や器官、身体にも遺伝的性別があることを考えれば当然の話だ。

外的損傷について同じ診断を下された場合でも、その影響は性別によって大幅に異なる。この点に関して医学はあまり注意を払ってきていない。現在は、外傷性脳損傷（ＴＢＩ）がその一例であることがわかりかけてきたところだ。[34] ＴＢＩとは、何かにぶつかったり、殴られるなどして頭に衝撃が加わり、脳の機能が破壊されたり変化したりする損傷である。急激に加速あるいは減速する力が頭部に加わり、頭蓋骨の内部でやわらかいゼリー状の脳が揺さぶられても生じる。突然の強い動きは剪断力（ずれの力）も生み、この力が脳の繊細な構造を砕くこともある。

すべてのＴＢＩが同じ症状を呈するわけではない。ＴＢＩに至る損傷には幅がある。ちょっとした脳震盪で軽度と診断されるＴＢＩから、直ちに医療介入が求められる命にかかわるＴＢＩまでさまざまだ。

ボクシングの世界で、最年長に近い年齢で長らくチャンピオンの座にいたカナダのアドニス・スティーブンソンの身に起きた話をしよう。二〇一八年一二月、スティーブンソンはタイトル防衛戦で重度のＴＢＩを負った。オレクサンドル・グヴォジクとの試合で第一一ラウンドの最中に頭部に立て続けに強打を受け、倒れ込んだときのことだった。ステベンソンは何とか起き上がろうとしたが、よろめいていた。明らかに様子がおかしかった。緊急手術とそれに続く集中治療を受けていなければ間違いなく命を落としていたと、何人もの医師が口をそろえる。

いつ損傷を負ったのか、すべてのＴＢＩ患者が自覚しているわけではない。ＴＢＩの影響は何年もたってから現れる場合がある。すると脳機能だけでなく人格に変化が見られたりもする。そうかと思うと損傷を負ったそばから一目瞭然の症状が現れ、テレビ観戦している人にも重症度がわかる場合もある。

現在、ＴＢＩを負っている人のほとんどは男性だ。ＴＢＩの長期にわたる影響は、女性についてはまだ知られてきたばかりなのだが、気がかりなことがある。女性と男性で同じルールを適用しているスポーツ——バスケットボールやサッカーなど——を調べたところ、女性は男性よりも脳震盪を受けやすいうえに、重い症状が長引く傾向があった。[35] さらに、平均すると頭部と首の比率は男女で異なる。[36] つまり、ぶつかったときの頭部に加わる角加速度は女性のほうが大きい——こういった要因がからむため女性のTBIは重篤になりがちなのだ。

TBIによって人生が大きく変えられてしまうことがあると、私は患者ロリーナから身をもって教わった。初めてロリーナに会ったとき、彼女はオレンジ色のつなぎを着て仰向けに寝ていた。両手は病院のベッドに手錠でつながれていた。私が部屋に入ると、小馬鹿にしたようにちらっと見て、「うせろ」とだけいった。

私は深く息を吸った。当時私は研修医四年目で、ニューヨーク市内の病院で内科の最終研修を終えるところだった。このときは当番の医療スタッフからロレーナの担当を指示され、私が彼女を診ることになった。ロレーナの部屋は薄暗く、彼女に近づくと顔色は青白く、疲れきっているようだった。何もはいていない足元に金属のようなものがきらりと光った。両足とも足かせをつけられていた。

私はそれまで矯正施設にいる患者を治療した経験がなく、ロレーナが初めてだった。ひどく寒い二月の朝、武装した二人の護衛にロープで引かれて病院までやってくる事態になる以前に彼女が抱えていた病歴がどのような結果を伴うのかについても、よくわかっていなかった。医療記録によると、ロレーナはこの二週間で二回失神をしたため、病院に送られてきていた。

現状は、きわめて大量の月経出血が続いているとのことだった。四週間前からはじまり、まだ軽くなっていない。明らかに正常ではなかった。私はロレーナに今の状態を説明しようとした。だが、最初に威勢のよい挨拶をしたっきり、彼女はほとんどしゃべらなかった。病状を考えると、私には気がかりなことばかりだった。

私は初回の面談記録を書き終えると、大量経血の原因をはっきりさせるべく血液検査と画像診断を数種類と婦人科スタッフによる診察を依頼した。

ロレーナの病歴には、そのほかにもうひとつだけ深刻な問題があった。高校時代にラクロスの試合で重度のＴＢＩを負っていた。家族や友人によると、ＴＢＩになってからの彼女はすっかり人が変わり、気むずかしくなったという。とはいえ、彼女がＴＢＩを起こしたのは思春期のことだったため、救急科にやってきたときの最初の様子にＴＢＩが関係しているとは私は思いもしなかった。

ロレーナの出血の原因は翌日明らかになった。ポケットベルが鳴ったので私は折り返し電話をかけた。電話の主は婦人科の研修医で、ロレーナの長引く出血はかなり進行した婦人科系の悪性腫瘍、おそらくステージⅣの子宮頸がんだろうとの見立てだった。だが、研修医は臨床上の疑いを確定するところまでは進めなかった。ロレーナが、細胞診など、それ以上の検査をいっさい拒んだためだ。

と、電話で話をしている最中に、またポケットベルが鳴った。内線電話からだった――検査室からの呼び出しだ。私は婦人科医との電話を切り上げ、折り返し内線電話をかけた。電話に出た検査技師は素っ気ない口調で単刀直入にこう告げた。「今朝、血液検査した患者番号ＸＸについて、ヘモグロビン濃度が危険レベル、デシリットルあたり五グラム」。電話は切れた。ロレーナはまずい状態にあった。

ヘモグロビン濃度は、生命を維持するために体外から取り込んだ酸素を、必要としている細胞に届ける身体の能力を示す指標となる。もし一定の濃度を下回りこの能力が損なわれると、一個一個の細胞から、つまり身体のなかから息苦しさを覚えることになる。一般診療で実際に遺伝的性別を考慮することはめったにないが、その例外のひとつがヘモグロビン濃度だ。女性は、ヘモグロビン濃度が一デシリットルあたり一二グラム以下になると貧血とみなされる[37]。男性の場合は少し高く一デシリットルあたり一三グラムだ。男女とも一デシリットルあたり六、七グラム以下になると、通常は即、輸血が必要となる。

エレベータに乗ってロレーナのいる階に向かう私の頭は輸血でいっぱいだった。今すぐ必要なのに本人の承諾なしには輸血できない。輸血しなければ、生命が危ぶまれる。

担当看護師からロレーナはダイエットコークが好きだと聞いていたので病室に向かう途中、自動販売機の前で足を止めた。仲をとりもってくれるはずだ。ロレーナに、輸血とその後の生検を受ける意味を説明すると、うれしいことにどちらも承諾してくれた。ここで輸血さえしておけば差し迫った危険からは脱するはずだと見通しが立ち、病室をあとにした私はささやかな勝算に気分が高まった。

輸血の段取りをつけて、私はその日まだ診ていなかった別の担当患者のところに向かった。一時間後、ポケットベルが鳴った。ロレーナの担当看護師からだった。「ロレーナが輸血を拒否して、スタッフにすごんでいます。中止します」。私は、ロレーナがまだ出血しているかどうか看護師に尋ねた。肯定する言葉が返ってきた。

「よくない兆候です。もう一度彼女と話をさせてください……たぶん彼女の気持ちを変えられると思います。今、そちらに向かっています」と私は伝えた。

まだ出血しているとなると、ロレーナのヘモグロビンはさらに少なくなっているはずだ。私は、彼女に助けが必要な医学的根拠と、今拒否しているために負っているリスクをもう一度説明した。ロレーナは折れて、あらためて輸血に同意してくれた。

危機は免れた。と、私は思っていた。そのわずか三〇分後、またポケットベルが鳴った。ロレーナの担当看護師からだった。「また輸血拒否です。戻ってきて彼女と話しますか?」

私は病室に戻り、私が危惧している話をもう一度繰り返した。ロレーナは納得したように見えた。三度目の同意をしてくれた。私が病室を出てから数分後、やはりまたもや拒否された。

私は彼女のベッドサイドに戻った。「ロレーナ、ずっとこのままでいるのは無理だよ。体から血がどんどんなくなっているでしょ。輸血をしないと、命にかかわる」。「僕の今日のシフトはもうじき終わる。君が危険を脱したってはっきりわかってから帰りたいんだ。病室の外には血液バッグをもってスタッフが待機しているよね。君の命を救う血液バッグだよ。いったん血液バンクから出した血液バッグは、安全上の理由から元の場所には戻せないんだ。しかも君の血液型はO型のＲｈマイナスで、同じ型の血液しか輸血できない。O型のＲｈマイナスの血液はとても珍しいんだよ。だから、もう一度拒否しようと考えるならその前に、この希少な血液で誰かほかの人を救えたかもしれないってことを思い出してほしい」と私は伝えた。

彼女は話の内容を消化しようとしているのか、静かなままだった。そして、落ち着いた口調で「わかった。今度は本当にやってみる」といった。それを聞いて、私は輸血の手はずを整えた。

輸血はされなかった。

私が病院を出ようとしたとき、コードブルー〔訳注：心配停止などを表すコール〕が院内放送された。私はロレーナの病室に戻った。すでに救急カートが用意され、救急蘇生チームのリーダーが叫びながら指示を出していた。ひとりは心臓マッサージをして、別の医師は静脈路をなんとか確保して点滴をしようとしていた。

ほどなくしてロレーナの死亡が宣告された。

頭部に受けた外傷が生涯にわたって複雑な影響を脳に及ぼすことは、現在でははっきりしている。ロレーナの人格変化については、外傷が脳に直接影響を及ぼした結果生じたと説明するのが妥当だろう。ＴＢＩの詳細は、まだじゅうぶんには解明されていない。女性の脳に及ぼす影響となるとなおさらだ。損傷に続いて起こる脳の変化には、脳の働き方を永遠に変えてしまうものが多い。つまり実行機能の障害につながり、最終的に感情、認知、社会生活機能に影響が及ぶ。

また、きわめて深刻な事象を示す証拠が集まりつつある。それは条件をすべて一緒にして、脳に同じだけの物理的な力を加えた場合、受ける影響が男女で異なるというものだ。この類の研究は今のところ少ないものの、スポーツをしていてＴＢＩを負うリスクは女性のほうが高く、予後も悪いことが示唆されている。[38]

同じ損傷がもたらす影響の男女差については、実際の事例を見ていけばよくわかるようになると思う。スポーツをするなかで亜脳震盪性の衝撃を繰り返し脳に受けた結果、脳の構造、代謝、機能に生じる変化を調べた最近の研究が、これを明らかにしている。[39] 運動選手は、いつもどおりのプレイをしている間によもや亜脳震盪性の衝撃を頭に受けているとは気づいていないかもしれない。

この研究では、拡散強調磁気共鳴画像法（ｄＭＲＩ）を使って大学のアイスホッケー選手二五人（男性一四人、女性一一人）を、ホッケーシーズンの前と後に調べた。ちなみに、ｄＭＲＩが描く、脳の白質線維を追跡した地図は万華鏡のような色合いで美しく、見た目にも印象的なのでアートギャラリーに飾られたこともある。

ｄＭＲＩの画像は脳の配線――とくに外傷が引き起こす剪断力によって損傷を受けやすいと報告されている領域――の状態を評価するのに役立つ。ここでは、脳の内部配線の損傷は悲惨な結果をもたらしうるとだけ述べておこう。

先にあげた研究では、ホッケーシーズン終了後の脳の画像で、右半球の上縦束、内包、放射冠に著しい変化が見られた。これは、ＴＢＩを負った人に見られる損傷と一致する。

被験者となった二五人の選手の自己申告に、頭部に負傷経験があるとした回答はひとつもなかった。ところがｄＭＲＩの結果は違っていた。それだけでなく、ｄＭＲＩで認められた脳の変化は男子選手にはなかった。ホッケーシーズン終了後の女子選手の脳にだけ変化が生じていたのだ。ＴＢＩが女性の脳に特異的に影響を及ぼすメカニズムについて、医学や神経学からの理解が深まれば、間違いなく女性に対して有効な治療が可能になるはずだ。

医師は、ときがたっても変わることのない重要な教えを患者から学ぶことがある。私の場合は、アマンダがそんな患者のひとりだった。アマンダの事例はさしずめ、女性の治療における現代医学の根深い限界を学ぶ短期集中コースといったところだ。

循環器疾患の分野では、性別によって著しい違いがあることは科学的事実として認められている。[40]とはいえ、この種の違いは最近の診療勧告でもまだあまり触れられていない。心筋梗塞などの心臓発作に見舞われた際に、女性と男性とでは異なる症状を呈するという基本的な事実に医師たちが気づいたのは、それほど昔の話ではない。医学がこのような状況にあるなかで、私は初めてアマンダに会った。

ニューヨーク市立病院が忙しさのまっただなかを迎えた日曜日の早朝、私はシフトに入り、土曜の夜から滞在していたアマンダを引き継いだ。

アマンダは健康を絵に描いたような四七歳だった。ほぼ毎日エクササイズをして、生の野菜や果物が中心のバランスのとれた食事をとっていた。家族に肥満とインスリン非依存性糖尿病が多かったので、どちらも避けたいという気持ちに背中を押されていたという。とくに仕事終わりに、ジムをサボって友人とカクテルを飲みたいと思った日などはそうだった。

それでもエクササイズのあとは友人に合流し、人づきあいも忙しくこなしていた。そんなあれこれを初回の診察のときに私に話しながら、最近、結婚生活が破綻し、そこからくるストレスにどう対処したらよいのか悩んでいることにも力ない声で触れた。

アマンダが自分を傷つけようと思わなかったのは幸いだった。なのだが、降って湧いたような事態に、彼女はすっかり傷ついていた。無理もない話だった。二〇年間連れ添った夫が自分の親友と不倫をしていて、そのうえ、じきに子どもが生まれるというのだ。夫が洗いざらい打ち明けたのは、アマンダが救急科にやってくる一週間前のことだった。このとき、夫は今すぐ離婚をしてほしいと迫ってきたそうだ。アマンダが置かれている状況を察したら、むしろうまく立ち直れているのではないかと私の目には映った。

前日の診察担当者が残してくれたカルテに診断の手がかりがひとつだけあった。三つ叉の印。精神科を表すときによく使われる符号だ。内科的に見てアマンダの状況が深刻なものとは思えなかったようだ――前任者は、精神科で破局の話を聞いてもらったらよいのではないか、くらいに考えたのだろう。間違った判断ではなかった。

私がアマンダを初めて診察したとき、彼女はストレッチャーの上に静かに腰掛けていた。その日の朝の救急科には酔っ払って転んだ人や、けんかで怪我をした人、オピオイドを過剰摂取した人たちがずらりと並んでいたが、アマンダはひとり違って、急性疾患を起こしているとか怪我をしているとかには見えなかった

アマンダの症状は漠然としていて具体的なところがなく、おもに不安、虚脱感、吐き気、それと胸の痛みを少々訴えていた。胸の痛みについては自分では前日にジムで運動をしすぎたせいにしていた。救急科にきた彼女を最初に診た医師助手は妊娠の可能性を考え血液検査に回していた。ふた月生理がきていないことを考えると妥当な判断だった。

簡単な血液検査と尿検査の結果は問題なさそうだったし、妊娠も陰性だった。結局、同じ週の別の日に精神科に予約を入れ、この日は帰宅してもらった。

私は日曜日のシフトを終え、翌日の朝、病院に戻った。救急科にまたアマンダがいるのを見て驚いた。登録でもしているのかと思った。今回は症状が変わり、胸に激しい痛みも訴えていた。この痛みは両腕に広がっているようだった。アマンダ自身は心臓発作を疑っていた。本当のところ何が問題なのか、昨日までのわれわれが見逃していたとは考えにくい。

その場でＥＣＧ（心電図）をとり、血液を検査室に送って心臓発作の一般的なマーカーを調べ、ベッドサイド心エコー検査もおこなった。ＥＣＧと心エコー検査はたしかに異常を示していた。だが、実際にはアマンダは心臓発作は起こしていなかった。心臓画像診断の結果すぐに明らかになっ

たのだが、アマンダの心臓は左心室が肥大していた。これはたこつぼ型心筋症と呼ばれる病気に伴う症状だった。

たこつぼ型心筋症と診断される人の九〇パーセント以上は女性だ[41]。病名は、この病気に見られる心臓の異常な形が日本で使われているタコを捕まえる道具に似ていることにちなむ。さらに不思議なのは、たこつぼ型心筋症が発症する前にはいつも感情を大きく乱す出来事があるという。そのためか、この病気は「ブロークンハートシンドローム（ストレス心筋症）」とも呼ばれている。

アマンダは運がよかった。すっかり回復した。かつて、たこつぼ型心筋症はきわめて珍しいと考えられていたが、最近の研究によると意外によくある病気らしい。興味深いのは、発症数は女性のほうが圧倒的に多いのだが、男性の場合は発症すると回復が思わしくない。理由としては、私たちの身体をつくっている細胞と同様に器官にも特定の性別がある――生まれるずっと前に決まっている――ことが考えられる。

ヒトの腎臓には男性あるいは女性いずれかの性別がある。腎臓は長さがおよそ四から五インチ（一〇～一三センチメートル）で、大きなそら豆のような形をしている。血液を濾過する働きにかかわる構造体であるネフロンが、片方の腎臓におよそ一〇〇万個ある。心臓が拍動するたびに血液は腎臓に向かい、ネフロンを通って濾過される。腎臓は身体に残しておきたい成分を再吸収し、有害な老廃物を濾過して尿として排出する。タンパク質の摂取が増えると、とくにタンパク質の代謝過程でつくられる老廃物をすべて取り除くために腎臓は忙しく働かなければならない。慢性腎疾患の患者や腎臓移植を待っている人が、タンパク質摂取には慎重になるようにと指示されるのには、このような理由もある。

米国では現在、およそ一〇万人が新しい腎臓の移植を待っている。[42] しかし、おおかたの人は待機中に亡くなってしまう。肝臓にしろ心臓あるいは肺にしろ移植待ちリストには一〇分ごとに新しい名前が加わる。米国だけで、すでにリストに載っている人のうち毎日二〇人が新しい臓器を待ちながら死を迎えている。

腎臓が機能しなくなる原因はたくさんある。自己免疫疾患（セレーナ・ゴメスの腎臓を使えないものにしたループス腎炎など）はそのひとつだ。高血圧、糖尿病、あるいは腎動脈狭窄と呼ばれる腎臓につながる血管の閉塞も、最終的に新しい腎臓の移植を余儀なくさせる原因だ。

概して男性の腎臓のほうが、たくさんのネフロンが存在する。女性の腎臓に含まれるネフロンは男性よりも一〇から一五パーセント少ない。[43] つまり男性の腎臓のほうが血液を濾過する全般的な能力は高い。選べるのであれば、馬力のある腎臓を移植するほうがよい。

腎臓が両方とも機能しなくなったら、透析をして生きながらえつつ新しい腎臓を待つほかない。透析とは血液から老廃物を取り除くための人工的な手段だが、私たちが生まれながらにもっている腎臓の効率的な働きには及ばない。腎臓移植を受ける患者に最善の結果をもたらすのは、生きているドナーからの臓器提供だ。透析患者の大半が、新しい腎臓を移植後に生活が根底から変わったと証言している。これはみるみるうちに効果が現れる。腎臓移植をしたからといって必ずしも永遠に救われるわけではないが、腎臓移植は当座の命を助け、寿命を延ばす唯一の方法だ。

新しい腎臓を必要とするのは大多数が男性だ[44]。一方、腎臓を提供する生きているドナーの側には遺伝的女性が多い。新しい腎臓を必要とする男性が多い理由には、高血圧症など、性別に関連した生物学的要因がからんでいるようだ。高血圧症は腎臓の機能を低下させ、圧倒的に男性によく見られる。

実際の臨床結果によると、男性が臓器移植を受ける場合、遺伝的女性から提供される臓器は拒絶反応と死をもたらすリスク因子となる[45]。さらに、女性が腎臓移植を必要とする場合、移植成功率は男性の腎臓を提供されたときのほうが高くなり、女性の腎臓では逆の結果となる。また別の研究によると、心臓や肝臓などの臓器を女性から提供された男性について、最悪の結末を迎えた事例が複数ある。

ひとつには次のような事実が考えられる。先ほどから述べているように、どの臓器にも性別（男性か女性か）がある。なぜならば、臓器をつくる細胞に性別があるからだ。男性の腎臓の細胞のほうが免疫抑制剤の副作用をあまり受けない。免疫抑制剤とは、移植後、「外来」の臓器に対する身体の攻撃を抑えるために投与する薬である。つまり、女性患者に男性の腎臓を移植すると、女性の身体に収まった新しい腎臓は、機能しはじめるまでの間に免疫抑制剤の副作用をそれほど受けなくてすむと考えられる。

もうひとつ考えられる重要な理由は、腎臓など男性の臓器にある細胞はすべて、まったく同じX染色体を使っていることにある。女性の腎臓では、異なるX染色体をもつ細胞が混在している。そのおかげで、女性の腎臓のほうが遺伝子レベルの多様性に富み、男性の腎臓よりも多く免疫応答を起こす。したがって、男性の臓器よりも女性の臓器のほうが、移植患者の身体に拒絶されやすい。移植結果に違いが生じる背景には、提供される臓器の質も関係している可能性がある。[46] 女性ドナーのほとんどは、男性ドナーよりも年齢が高い。一方、移植患者は逆だ。移植を受ける男性は健康状態があまりよくないことも考えられる。いずれにしても臓器の性別が、やはりほかの要因とは一線を画している。

ここまで見てきたように、治療効果、寿命、病気については、男性と女性とで違いがいくつもある。こういった違いの多くは、体の生命活動を支える細胞、組織、臓器の性別と関連している。

女性の健康の奥深くまでとことん追究するには、研究対象とする女性を増やし、女性と男性の研究結果を有効に比較する方法を見つけなければならない。たとえば、虚血性脳卒中やアルツハイマー病は女性のほうがかかりやすい。

医学研究の分野で遺伝的性差を考慮するようになったのはようやく最近の話だ。そのため、現在、たとえばアルツハイマー病と診断されている患者に女性が多い理由についてはじゅうぶんな理論的解釈や説明には至っていない。アルツハイマー病の女性を救うには何をどうしたらよいのか、厳密なところはまだわかっていないのが現状だ。だからこそ、これからの研究者には、意識してつねに女性（雌）の細胞や雌の実験動物を使って研究を進めることが求められる。女性と男性の違いを理解することは、結局は女性、男性どちらを救うことにもつながるはずだ。

研究から導かれる知識が、男性に基づく概念的枠組みを前提としているのであれば、研究それ自体を増やそうと訴え続けるだけではじゅうぶんではない。女性にかかわる医学研究や医療行為をおこなう私たちに必要なのは、これまでにない視点だ。したがって、私たちはなによりもまず、女性に遺伝的優位性をもたらす、女性に特有の遺伝子レベルの多様性と細胞の協力作業を考えに入れなければならないのである。

女性の病気を治療したり調査したりする際には、新しい視点で得られた知見をただちに取り入れることも必要だ。医学研究でいえば、生物学的男性のレンズを通してだけ女性を考察する、そんな調査研究をしてはならない。

染色体で性別をふたつに分ける遺伝的な隔たりを、医師や研究者、そして社会全体がしっかり理解していくにつれて、医学の世界でも遺伝的性別に基づく知識を治療に生かすべく精力的に取り組むようになるはずだ。大事な仕事はこれからだ。

結論

なぜ性染色体が問題なのか

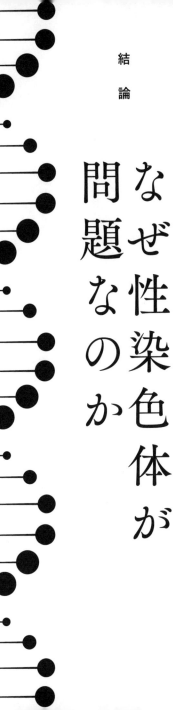

自分が受け継いだ性染色体について深く考える人はほとんどいない。このとても小さなDNA鎖が、生命の営みにまつわるあらゆる場面で基本的な役割を果たしているとはいえ、たいていの人にはそれを間近で実際に見る機会はない。自分の性染色体が何の問題もなく、粛々と仕事をこなしているのなら、わざわざ考える必要もない、というところだろう。性染色体をたどると、これはあなたが生まれるずっと前から仕事をしてきている。あなたが母親から受け継いだX染色体は、母親がそのまた母親の子宮にいるときにつくられたもので、そのまた母親は、という具合だ。Y染色体を受け継いでいる人ならば、そのY染色体は父親から受けとったものであり、父親はそのまた父親からもらっている。

私は自分の血液を使って白血球から染色体を初めて取り出したときに、Y染色体があまりにも小さいことに衝撃を覚えた。四六本の染色体を大きさや特有の縞模様にしたがって識別して見やすくする核型を作製する段階で、一番最初に見分けることができたのはY染色体だった。各染色体のペアをつくって並べていくと、小さくてひとつしかないY染色体が相手のいないまま残った。最後にこのY染色体をX染色体の隣に置いた。その瞬間、女性がいかに大量の遺伝物質をもっているのかを、私は初めて目で理解できた。

大学や大学院で、医学校でも、ヒトにとってY染色体はとても重要だとうるさいくらい聞かされてきた。要するに、Y染色体が男性をつくっているのだと教え込まれた。Y染色体に注目が集まる理由はいくつもあるだろうが、Y染色体について息をはずませて語った人の多くが、自らもY染色体をもっていたという事実も関係していると私は見ている。

二三種類の染色体のうち、私がほとんど耳にしたことがない――負の意味合い以外では――のがX染色体だ。X染色体が引き起こす問題については、ひとつ残らず取り上げる講義が長々と続いた――色覚異常（色覚多様性）から知的障害まですべて。染色体が悪さをすると考えられていた時代には、いつもクラス全員の前で間違いをしかられる子どものような染色体があった。それがX染色体だった。そのころから状況はあまり変わっていない。なぜならば、現在の医学研究でも治療現場でも大半が、X染色体を健康にとってマイナスの要素として研究し続けているからだ。

みなさんはおわかりだと思うが、これはまったくもって正しい。もっとも、あなたが遺伝的男性ならばの話だ。X染色体を二本もって生まれ人には、色覚異常ではなく四色覚の可能性があり、四色覚の人は遺伝的男性とは比べものにならないほど多彩な色を見ることができる。あるいは、X染色体を二本もつ人は男性よりも強力な免疫系をもっているので、重篤な感染症に見舞われても免疫系に損傷を負ったりせず、平均的な男性ならば打ちのめされてしまうところをしっかり対決できる。

そうなんです。受け継いだ性染色体ゆえに生じる違いはとてつもなく大きい。薬の処方やがんのスクリーニングの際に性染色体を考慮することの重要度にあなたの担当医が気づいてなさそうだったら、それは医師が自ら見て見ぬふりをしているからではない。ずいぶん長い間、あらゆるレベルの医学研究で女性をまったくといっていいほど考えに入れてこなかったからだ。研究レベルでのこの姿勢が順繰りに医学の教え方に及び、さらにその影響は治療現場でも頻繁に見られていた。ありがたいことに、そんな状況が変わりかけてきている。

女性が生まれつきもっている、男性と比べた場合の遺伝的優位性について、現在私が理解していることの大部分は自分の科学的経験に教えられてきた。ただ私の場合は、こういった理論的知識を、個人的な体験を通じて、痛みを伴う現実のこととして理解することがよくある。

それは新婚旅行の準備をしていたときのことだった。行く先はカンボジア、数週間かけてアンコールワットの遺跡群を見て回る予定だった。妻となるエマと私は腸チフスのワクチンを接種した。チフス菌（学名サルモネラ・チフィ *Salmonella typhi*）は、とても恐ろしい感染症である腸チフスを引き起こす。腸チフスはおもに衛生状態の悪い環境下で調理された食べ物を通して感染する。[1] 非常にたちの悪い病気で、治療を施さないと五人に一人が命を落とす。

エマと私は同時にまったく同じワクチンを接種した。にもかかわらず、私は翌日仕事に出かけ、一方、エマは休んだ。反応の違いを見ていると、まるで別のワクチンを打ったかのようだ。[2] エマは腕の接種部位に強い痛みを覚え、私が着替えを手伝わなければいけないほどだった。頭痛と倦怠感も続き、その週はずっとベッドに伏せっていた。

私たちにワクチンを接種した渡航医療専門の看護師に相談すると、珍しい話ではないと返ってきた――どうやら、予防接種には女性のほうが強く反応するらしい。私はほぼ何も感じなかった。そうして後日、私は痛い目にあうことになる。

三か月後、カンボジアで灼熱のジャングルを歩き回っていると、私は少し気分が悪くなった。最初は時差ぼけか、うだるような暑さのせいかと思ったのだが、すぐにわかった。本格的な腸チフスの症状が現れた。

病院のベッドで横になり、頼みの綱の抗生物質が入った輸液バッグを見上げながら、カンボジアにきてからずっと妻と私は同じ食事を食べていたことを思い返していた。私は食べ物経由の病原体にやられ、そのベッドの傍らで妻はいたってふつうに腰掛けているのはなぜだ。状況が飲み込めてきた。妻はワクチン接種後、むだに苦しんだのではなかった。

私の免疫系はワクチンなど気にもならないかのようだったのに、妻の免疫系は違っていた。カンボジアで直面することになる事態に向けて態勢を整えていた。妻の免疫系ではワクチンに対して狙いどおり二本のX染色体が応答して、最悪の状況――生命を脅威にさらす病原体との出会い――に備えていた。B細胞に体細胞超変異が生じ、チフス菌をぴったり標的にして殺す抗体をつくっていたのだ。

私たち夫婦の血液には、同じようなDNAをもつまったく同じクラスの免疫細胞が流れているにもかかわらず、ワクチンに対してふたりの身体は間違いなく同じようには反応しなかった。男性と女性の免疫細胞がどちらも同じDNAをもっているとしても、同じ遺伝子を同程度に使っていることを意味するわけではない。私の細胞では免疫と関連する遺伝子のほとんどがワクチン接種後もおとなしくしていた。一方、妻の細胞では免疫細胞と遺伝子が、これ以上ないくらいの切迫度合いでワクチン接種に応答していた。

男女両方に共通する、免疫に関係しない遺伝子についても、その遺伝子をどのように使うかは男女で違いがある。最近の研究によれば、男女両方に存在する四五種類の組織で二万個の遺伝子のうち六五〇〇個が遺伝的男女で異なる使われた方をしていた。[3]男性のほうで活性化している遺伝子には体毛の伸長や筋肉の発達に関連しているものがあった。また、脂肪の貯蔵や薬の代謝に関する遺伝子[*]は女性のほうが活性化していた。

私たち夫婦が対照的な体験をしたワクチン接種の一件からわかるように、妻の免疫は強力だ。これは、遺伝的女性が遺伝的男性に生理的に勝っていることを示すほんの一例だ。このような免疫の強さは、強力な免疫防御のメカニズムを自分自身に向けてしまうことにもなり、生涯にわたる大きなリスクを遺伝的女性にもたらす。つまり、自己免疫疾患につながるのだ。

総合的に見てどちらの遺伝的性別が優れているのかを判断する究極の方法がひとつだけある。すなわち、降りかかる困難を乗り越えて生き抜いていけるかどうかが試金石となる。では、最後に生き残るのは誰か。

数字で調べてみよう。人口統計を見ると、人生の最初の時点では遺伝的男性はさい先のよいスタートを切っている。[4]平均すると女児一〇〇人に対して男児一〇五人の割合で生まれる。本書の最初で紹介したＮＩＣＵのジョーダンとエミリーのように、時間の経過とともに、先行していたはずの差が縮まり、最後はすっかりなくなってしまう。四〇歳あたりで女性と男性の数はほぼ等しくなる。[5]一〇〇歳では約八〇パーセントが女性。スーパーセンテナリアン（一一〇歳以上）は九五パーセントが女性だ。

米国の死亡原因の上位一五のうち男性の割合が高い死因は一三にのぼり、[6]心臓疾患、がん、肝臓疾患、腎臓疾患、糖尿病などが並ぶ。上位一五のなかでアルツハイマー病だけが女性の割合が高い。脳血管性疾患については五分五分というところだ。

女性が男性よりも長生きをするのは米国に限った現象ではない。最近おこなわれた平均寿命に関する調査では、対象となった五四のいずれの国でも男性よりも女性のほうが長いという結果だった。死をたくみに回避することが、遺伝的強さを示す究極の指標だとすると、スーパーセンテナリアンというゴールラインをみごと越えた女性はまぎれもない勝者だ。存命中最高齢のタイトルを保持する人がたいていは女性である。これは当然といえば当然だ。脈々と続く、この栄えあるタイトル保持者の列に近頃加わったひとりに田中力子《たなかかね》がいる。

＊男女で異なる振る舞いをする遺伝子六五〇〇個のうち、遺伝的女性でとくに活性化している遺伝子として、薬の代謝に関わる*CYP3A4*と*CYP2B6*（どちらもシトクロムＰ４５０ファミリーの酵素の遺伝子）があげられる。このふたつの遺伝子がコードする二種類の酵素は、現在男女両方に出されている処方薬の五〇パーセント以上の代謝にかかわっている。遺伝的女性のほうに副作用がよく見られる理由としては、女性の遺伝子が薬に対して男性とは異なる振る舞いをし、代謝の仕方が違うためだと考えられている。

田中の人生は、女性のほうが生存に優位であることをよく表している。[7] 田中は一九〇三年一月二日――ライト兄弟が人類初の有人動力飛行に成功した年――に早産児で生まれたが、最後は夫よりも息子よりも長く生きた〔訳注：二〇二二年四月一九日、一一九歳で死去〕。

田中は一〇〇歳の誕生日を迎えたのを機に、存命中最高齢というあこがれのタイトルをがぜん手に入れたくなったと語っている。その望みが一一六歳でとうとうかなった。存命中世界最高齢と存命中世界最高齢女性のギネス世界記録に認定され、人生でこれほど胸おどる瞬間はなかったと感極まっていた。記録を祝う席で、今までで一番楽しかったことはと尋ねられ、「いま」と答えている。

三三四種類の生物種について成体の性別比を調べた最近の研究がある。その結果は、私が二〇年前に神経遺伝学の研究者として直接見て気づいたことを裏付けている。[8] ヒトと同じく性染色体の組み合わせがXY雄とXX雌になっている生物では雌のほうが長く生きていた。雄が同じ性染色体ZZ、雌がZWをもつ鳥類などの生物では逆だった。同一の性染色体を二本もち、これを利用することでおおいに得るところがあるのはヒトだけではなかった。

本書で説明してきたように、女性に見られる遺伝的優位性は、二本あるX染色体のどちらかを使えるという選択肢をもつ、ひとつひとつの細胞によってもたらされる。X染色体にはそれぞれ約一〇〇〇個の遺伝子が含まれている。X染色体に存在する遺伝子はいずれも生きていくためには欠かせない遺伝子であり、脳でも免疫系でもX染色体がその発達や維持に重要な役割を果たしている。X連鎖性知的障害などのX連鎖遺伝病や色覚異常の例で見たように、予備のX染色体をもっていることはすこぶる有益である。女性の体内で生じている遺伝子レベルの多様性と細胞の協力作業によって、ヒトという生物種においては男性よりも女性に遺伝的優位性が与えられている。

だからといって、遺伝的男性が使い捨ての性別というわけではない。人類が生殖をして繁栄していくためには、間違いなくどちらの遺伝的性別も必要である。ただ、遺伝の側面から、どちらが優れた伴侶として進化したのかと問われれば、答えは女性だ。私たちは一刻も早くこの事実を受け入れ、医学研究も治療もこの事実に照らして進めていけば、誰にとっても望ましい状況になる未来が期待できる。

謝辞

私の研究に被験者として参加していただいた方々や患者のみなさんにはひとかたならぬ感謝をしている。本書で紹介した諸々の研究を進めてこられたのも、遺伝的性別による相違に関する研究を長年にわたって続けてこられたのも、みなさんが惜しむことなく自ら（時間、血液、組織、遺伝物質、顔面のスキャンなど）を提供してくれたおかげだ。また、私の研究を支援してくれた希少疾患関連の基金および政府機関にも謝意を表する。研究仲間、ポスドクの学生、大学院生のみなさんにもお世話になったが、とくに国立中興大学（台湾）のジェイソン・T・C・ツェン（曾志正）教授に感謝を申し上げる。長期に及ぶ極端な環境が動植物にもたらすストレスに対して、それぞれの生物種がとる生物学的対処戦略の関連や相違をめぐり、ジェイソンとは非常に中身の濃い議論を交わした。おかげで本書の理論的根拠を具体的にまとめあげるに至った。私はジェイソンと話をするたびにいつも、やり残している研究があることを思い出す。ツバキ属チャの中国変種カメリア・シネンシス・シネンシス（*Camellia sinensis sinensis*）については、生育地に関係なく突き止めなければならない課題がまだたくさんある。

いつ訪問しても毎回とても親切に対応してくれた国際イモ類研究センター（ＣＩＰ）にも心から

お礼を申し上げる。同センターのマリア・エレナ・ラナッタには深く感謝している。私が同センターを訪問し、職員の方々と仕事を進めるにあたって、ラナッタは優れた手腕を発揮し組織をまとめ上げ、諸事がうまく運ぶよう取りはからってくれた。ジャガイモなど、世界でも重要な作物の多くはアンデス地方を原産とするため、当地の生物多様性を守り、食糧安全保障に貢献するCIPの取り組みはきわめて意義深い。歴史から何か学ぶとすれば、それは、次なる病原体による作物の被害や、飢饉の再来に備えて対策を怠ってはならないということだろう。

その点に関しては、ガーディアンズ・オブ・ポテトの活動に私は常々感心している。ジャガイモはほかの作物と異なり種芋《たねいも》を利用して栽培する。したがってガーディアンズによる数千品種ものジャガイモの貯蔵および保護は、すなわち全人類に対する根本的な保険を意味する。ガーディアンズではみなさん、いつも変わらず私を手厚くもてなしてくれた。栽培している各種ジャガイモを惜しみなく分けていただくたびに私は感激していた。このようなジャガイモ関連の重要な研究についてはアンデス協会なしには語れない。同協会は、私が効率よく仕事を進められるように進行や日程の調整を図ってくれた。アレハンドロ・アルグメドはガイド役として、絵画のように美しい「聖なる谷」や驚きの連続だったペルーポテトパークをよどみなく案内してくれただけではなかった。美しくも恐ろしい景色のなかを延々とドライブしながらアレハンドロと交わした会話があったからこそ私は、不利な生育条件と生物学的回復力との関係に考えをめぐらせたり、倍数体のジャガイモがヒトの遺伝の仕組みについて何か教えてくれるのではないかと思いついたりして、考えを深めることができた。
和食の分野で他の追随を許さない腕前を誇る、菊乃井の主人である村田吉弘にも感謝を申し上げる。村田からは、古くから続く珍しい漁法にまつわる話を聞いた。この話をきっかけに私は、性決定にかかわる染色体の鳥類と哺乳類における違いやその意味するところについて新しい視点を得ることができた。日本、ひいては世界で実践されている、食につながるものの育て方の歴史や現在の状況をめぐる村田との会話はとても豊かなものだった。また、時間を割いて専門知識を教えてくれた農家、生産者、小規模の工房のみなさんにも感謝している。和食に欠かせない特別な食材をたゆまず生産する、みなさんの熱意が日本料理を支え、同時に日本料理を絶やすことなく存続させているのだと思う。

もちろん、私の現スタッフにも、かつてお世話になったスタッフにも感謝している。研究、運営事務、どちらの面でもみなさんの支えがあったからこそ私は執筆に時間を割くことができた。万事に力を注いで手際よく処理してくれた秘書のクレア・マシューズにはひとかたならぬ感謝をしている。私は各地を移動しながら執筆し、同時に研究もこなしていたため、時差をまたいで調整しなければならない状況が幾度もあった。加えてスーパー台風にもちょくちょくぶつかったり、ここ数か月の間には大地震にも見舞われたりした。飛行機の旅程、会議の予定、締切日をいつも（たいてい）忘れずにいられるのはひとえにクレアがいればこそである。

ファラー・ストラウス・アンド・ジルー社の編集者、コリン・ディッカーマンの存在なしに本書が世に出ることはなかった。コリンは本書の書籍化を最初から支援してくれていた。執筆時間を捻出すべく四苦八苦しながら予定をこなしていた私にコリンが見せた忍耐強い姿は、語りぐさになっている。コリンの編集作業は非の打ち所がなく、またテーマに対する意見は秀逸だ。どちらも兼ねそなえているコリンの希有な能力に感謝している。おかげで、時間をかけてやりとりを重ねるうちに原稿は充実したものに仕上がっていった。一緒に仕事をする機会をいただいたＦＳＧ社のみなさんにも頭が下がりっぱなしである。とくに本書に深く関わってくれた出版チームの以下の方々にお礼を述べたい。編集アシスタントのイアン・ヴァン・ワイ、制作担当編集者のジェイニー・バーロウ、カバーデザイン担当のロドリーゴ・コラール、ブックデザイン担当のリチャード・オリオーロ、翻訳権担当部長のデボン・マッツォーネ、そして広報担当のロッチェン・シバーズ。

英国ペンギン社の編集者であるローラ・スティックニーの、本書の書籍化に対する意気込みは、初めて自己紹介を交わした瞬間から私にも伝わってきた。原稿を読んだローラの鋭いフィードバックや意見なしには本書は完成しなかった。英国ペンギン社の編集アシスタントのホリー・ハンター、マーケティング部長のジュリー・ヴォーン、英国での広報担当ケイト・スミスら、同社の優秀な出版チームの方々にも感謝を伝えたい。

才能あふれる編集者のアマンダ・ムーンにも心からお礼を申し上げる。アマンダが細かく目を通して与えてくれた的確なアドバイスに感謝している。思慮深いアマンダから粘り強く投げかけられた鋭い質問や意見はどれも貴重なものばかりだった。読者がわかりやすく読み進められるように、思い切っていろいろ書き加えていけたのはアマンダに背中を押してもらったおかげだ。

原稿を早い段階で読み込み、鋭いフィードバックや意見を寄せてくれた人たちにも感謝している。まずハン・ブルンナー教授に。ヒトの遺伝学、脳の発達、X染色体を一本しかもたないことがもたらす結果、この三者の関係について、私が考えを深め執筆を進めるなかでブルンナー教授の重要な研究から受けた影響は大きい。ブルンナー教授が時間をとって、ご自身の専門領域を中心に原稿をじっくり読み込んでくれたことにも感謝を申し上げる。ウィリアム・J・サリバン教授にも感謝している。時間も知的エネルギーもいっさい惜しまず原稿に目を通し、寄せてくれた考えや意見に私はおおいに助けられた。ウィリアム・サリバンという人物は熱意と才能にあふれる科学コミュニケーターであり、まったくもって包容力のある人だと思う。

いつものことながら私の代理人であり、よき友人でもある3アーツ社のリチャード・アベイトへ。私は昔も今も、リチャードの聡明な助言と独創的な洞察力、そしてユーモアに感謝しっぱなしである。おかげで今回を含むこれまでの著作制作すべてにおいて、私は地に足を着けて集中して取り組むことができた。3アーツ社に欠かせないレイチェル・キムは、私たちが予定どおりに進められるように根気強く調整し、数々の締切に間に合うように図ってくれた。

友人たち、家族に親族、みなさんの長年にわたる変わらぬ愛と支援に心から謝意を表する。そして、最後に、いうまでもなく本書は私の良き伴侶からインスピレーションを得たものであり、この本を彼女に捧げる。

訳者あとがき

本書は『The Better Half』（二〇二〇年四月）の一年後に刊行された同書のソフトカバー版の全訳である。折しもこの間に世界は、新型コロナウイルスの感染拡大という未曾有の事態に見舞われた。各国から少しずつ蓄積してきたデータによれば、このウイルスによる死亡者数は女性よりも男性のほうが多いという。まさに著者が本書で展開した見立てと一致する。

著者のシャロン・モアレムは医師であり、遺伝学の研究者でもある。ここ十数年は執筆活動にも手を広げ、多岐にわたる自らの経験を生かした独特の切り口で、進化から食事法まで幅広く著作を著している。過去の著作はすべて邦訳書があるのでご存知の方も多いかもしれない。今回は副タイトルに「On the Genetic Superiority of Women（女性の遺伝的優位性について）」と挑発的な言葉をひっさげて登場。自身が医学生の時代からくすぶらせてきた疑問を女性の優位性というキーワードを元に解きながら、その先に見えるものを探っていく試みである。

生物学上の性別は性染色体がＸＸかＸＹかによって決まる（性分化にかかわる遺伝子の及ぼす影響などまで含めると、厳密にはすっぱり二分できないようだが、それはさておき）。昔から男性は stronger sex と言われ続けてきた。だがモアレムの実体験とはどうも一致しない。長生きをするのは女性。同じ病気に罹っても重症化せず、回復が早いのも女性のほう。stronger と称される男性はというと、これがまるで逆だ。そこで、モアレムは女性のもつ二本目のX染色体と、その不活性化という現象を手がかりに、女性を強い女性たらしめる所以を縷々解き明かしていく。

二一世紀に入って間もなくヒトゲノムプロジェクトが終了し、全DNA配列が決定された。DNAの配列が解読されれば、あらゆる生命現象を説明できるかと思いきや、そうでもないらしい。同じDNA配列をもっていても、その配列に依存せずに遺伝子の発現状態が変化する制御機構があるという。それが個々の細胞の多様性を生み出し、場合によってはがんなど後天性の疾患を引き起こす一因ともなる。これは、ここ数冊のモアレムの著作でも重きが置かれている遺伝現象であり、そのひとつがX染色体の不活性化である。

ネットの画像検索などで見ていただくと一目瞭然だが、X染色体の大きさはY染色体の五倍ほどあり、運んでいる遺伝子の数もX染色体のほうが圧倒的に多い。そのため、両者の遺伝子量の差を埋めるべく、女性では発生の初期に一本のX染色体が不活性化する。この不活性化は二本のX染色体の間でランダムに生じること、さらに不活性化したX染色体のなかには不活性化を免れる遺伝子があり細胞はモザイクになっていること、こういった要因が重なって女性には遺伝子レベル、細胞レベルで多様な選択肢があり、それが女性の優位性をもたらすのだとモアレムは繰り返し強調する。

その例証としてモアレムが取り上げるエピソードには、歴史上の出来事もさることながら自らの経験もふんだんに盛り込まれている。高度新生児集中治療室やタイの孤児院の子どもたち、医療現場で出会った珍しい疾患の患者たちから、アンデスのジャガイモ、日本のリンゴに鶏飼いなどなど。

そうした時々に深める遺伝学的考察が女性の優位性の論へとつながっていくわけだが、その一端はまた、医学教育、医学研究、医療現場で女性に対する視点が長年にわたって欠けていたことの証左にもたどりつく。ここに、医学界における一連の構造的な問題があるともモアレムは指摘する。この点については、キャロライン・クリアド＝ペレスの『存在しない女たち』(神崎朗子訳、河出書房新社、二〇二〇年)で論じられている、女性不在の医療と重なるところでもある。同書で指摘されている医療データの性差によるギャップを、本書では男性執筆者が医学研究、医療の現場からつまびらかにしたともいえる。

女性の優位性という挑発的な言葉を用いつつ、その背後には、細胞には染色体に基づく性差が存在するという事実、医学も医療も男性の視点に立脚してきたがゆえに見過ごされてきたものがあるという現実があり、これらを踏まえたうえで今後、男性の亜種としてではなく女性そのものに目を向けて研究を進めること。これが、結局は両性の利となり、性別を問わない人類全体を考えることにつながるとモアレムは未来に希望を託す。

ただ、本書では女性の優位性に主眼を置き、盛り込まれるエピソードもじつに多岐にわたるため、ひとつひとつをじゅうぶんに掘り下げることはできず、自閉スペクトラム症や行動特性をはじめそれぞれの細かい点については議論の余地を残している。体系的にまとめた解説書ではないことはモアレム本人も、あらかじめことわっているとおりである。とはいえ、わかりやすい事例を糸口に、専門用語を極力排して平易な文章でまとめ上げた本書は、男女の生物学的違いや女性の体をめぐる研究や医療について、現在の状況を知る入口の一冊になると思う。

最後に、本書との出会いを作っていただき、編集の労をおとりくださった柏書房の二宮恵一さんに、この場を借りてお礼を申し上げます。ありがとうございました。

伊藤伸子

genetic sex-determination system predicts adult sex ratios in tetrapods. *Nature* 527(7576): 91-94.

結論：なぜ性染色体が問題なのか

1. Yang YA, Chong A, Song J. (2018). Why is eradicating typhoid fever so challenging: implications for vaccine and therapeutic design. *Vaccines* (Basel) 6(3). 詳細については世界保健機関のウェブサイトも参照のこと。https://www.who.int/ith/vaccines/typhoidfever/en/.
2. Fischinger S, Boudreau CM, Butler AL, Streeck H, Alter G. (2019). Sex differences in vaccine-induced humoral immunity. *Semin Immunopathol* 41(2): 239-249; Flanagan KL, Fink AL, Plebanski M, Klein SL. (2017). Sex and gender differences in the outcomes of vaccination over the life course. *Annu Rev Cell Dev Biol* 33: 577-599; Giefing-Kröll C, Berger P, Lepperdinger G, Grubeck-Loebenstein B. (2015). How sex and age affect immune responses, susceptibility to infections, and response to vaccination. *Aging Cell* 14(3): 309-321; Schurz H, Salie M, Tromp G, Hoal EG, Kinnear CJ, Möller M. (2019). The X chromosome and sex-specific effects in infectious disease susceptibility. *Hum Genomics* 13(1): 2.
3. Gershoni M, Pietrokovski S. (2017). The landscape of sex-differential transcriptome and its consequent selection in human adults. *BMC Biol* 15(1): 7.
4. 世界各国における出生時の男女比のデータはほぼ入手可能であり、国連ではこのデータを収集、保管している。以下のウェブサイトを参照のこと。http://data.un.org/Data.aspx?d=PopDiv&f=variableID%3A52.
5. 関連する研究については以下の論文を参照のこと。Dulken B, Brunet A. (2015). Stem cell aging and sex: Are we missing something? *Cell Stem Cell* 16(6): 588-590; Marais GAB, Gaillard JM, Vieira C, Plotton I, Sanlaville D, Gueyffier F, Lemaitre JF. (2018). Sex gap in aging and longevity: Can sex chromosomes play a role? *Biol Sex Differ* 9(1); Ostan R, Monti D, Gueresi P, Bussolotto M, Franceschi C, Baggio G. (2016). Gender, aging and longevity in humans: An update of an intriguing/neglected scenario paving the way to a gender-specific medicine. *Clin Sci* (*Lond*) 130(19): 1711-1725. 女性と男性の人口動態の詳細については以下を参照のこと。https://unstats.un.org/unsd/gender/downloads/WorldsWomen2015chapter1t.pdf.
6. 高齢者の男女比は1：1ではないため、男女で比較をする場合は年齢と性別で補正する必要がある。詳細は以下の研究を参照のこと。Austad SN, Fischer KE. (2016). Sex differences in lifespan. *Cell Metab* 23(6): 1022-1033.
7. 田中力子のすばらしい生涯についてさらに知りたい場合は、写真や解説などが掲載されている以下のウェブサイトを参照のこと。http://www.guinnessworldrecords.com/news/2019/3/worlds-oldest-person-confirmed-as-116-year-old-kane-tanaka-from-japan;https://www.bbc.com/news/videoandaudio/headlines/47508517/oldest-living-person-kane-tanaka-celebrates-getting-the-guinness-world-record.
8. Pipoly I, Bokony V, Kirkpatrick M, Donald PF, Szekely T, Liker A. (2015). The

pathways of sex differences in cardiovascular disease. *Physiol Rev* 97(1): 1-37.

41. たこつぼ型心筋症は1990年に初めて佐藤光博士によって和書で発表された。詳細は以下の論文を参照のこと。Berry D. (2013). Dr. Hikaru Sato and Takotsubo cardiomyopathy or broken heart syndrome. Eur Heart J 34(23): 1695; Kurisu S, Kihara Y. (2012). Tako-tsubo cardiomyopathy: Clinical presentation and underlying mechanism. *J Cardiol* 60(6): 429-37; Tofield A. (2016). Hikaru Sato and Takotsubo cardiomyopathy. *Eur Heart J* 37(37): 2812.
42. 米国における臓器移植待機患者数の最新データについては以下を参照のこと。https://unos.org/data/transplant-trends/waiting-list-candidates-by-organ-type/.
43. Tsuboi N, Kanzaki G, Koike K, Kawamura T, Ogura M, Yokoo T. (2014). Clinicopathological assessment of the nephron number. *Clin Kidney J* 7(2): 107-114.
44. Lai Q , Giovanardi F, Melandro F, Larghi Laureiro Z, Merli M, Lattanzi B, Hassan R, Rossi M, Mennini G. (2018). Donor-to-recipient gender match in liver transplantation: A systematic review and meta-analysis. *World J Gastroenterol* 24(20): 2203-2210; Puoti F, Ricci A, Nanni-Costa A, Ricciardi W, Malorni W, Ortona E. (2016). Organ transplantation and gender differences: A paradigmatic example of intertwining between biological and sociocultural determinants. *Biol Sex Differ* 7: 35.
45. Martinez-Selles M, Almenar L, Paniagua-Martin MJ, Segovia J, Delgado JF, Arizón JM, Ayesta A, Lage E, Brossa V, Manito N, Pérez-Villa F, Diaz-Molina B, Rábago G, Blasco-Peiró T, De La Fuente Galán L, Pascual-Figal D, Gonzalez-Vilchez F; Spanish Registry of Heart Transplantation. (2015). Donor/recipient sex mismatch and survival after heart transplantation: Only an issue in male recipients? An analysis of the Spanish Heart Transplantation Registry. *Transpl Int* 28(3): 305-313; Zhou JY, Cheng J, Huang HF, Shen Y, Jiang Y, Chen JH. (2013). The effect of donor-recipient gender mismatch on short- and long-term graft survival in kidney transplantation: A systematic review and meta-analysis. *Clin Transplant* 27(5): 764-771.
46. Foroutan F, Alba AC, Guyatt G, Duero Posada J, Ng Fat Hing N, Arseneau E, Meade M, Hanna S, Badiwala M, Ross H. (2018). Predictors of 1-year mortality in heart transplant recipients: A systematic review and meta-analysis. *Heart* 104(2): 151-160; Puoti F, Ricci A, Nanni-Costa A, Ricciardi W, Malorni W, Ortona E. (2016). Organ transplantation and gender differences: A paradigmatic example of intertwining between biological and sociocultural determinants. *Biol Sex Differ* 7: 35.

prevention in women. *Dig Dis Sci* 60(3): 698-710; Li CH, Haider S, Shiah YJ, Thai K, Boutros PC. (2018). Sex differences in cancer driver genes and biomarkers. *Cancer Res* 78(19): 5527-5537; Radkiewicz C, Johansson ALV, Dickman PW, Lambe M, Edgren G. (2017). Sex differences in cancer risk and survival: A Swedish cohort study. *Eur J Cancer* 84: 130-140.

34. Resch JE, Rach A, Walton S, Broshek DK. (2017). Sport concussion and the female athlete. Clin Sports Med 36(4): 717-739; Covassin T, Moran R, Elbin RJ. (2016). Sex differences in reported concussion injury rates and time loss from participation: An update of the National Collegiate Athletic Association Injury Surveillance Program from 2004-2005 through 2008-2009. *J Athl Train* 51(3): 189-194.
35. Dick RW. (2009). Is there a gender difference in concussion incidence and outcomes? *Br J Sports Med* Suppl 1: i46-50; Yuan W, Dudley J, Barber Foss KD, Ellis JD, Thomas S, Galloway RT, DiCesare CA, Leach JL, Adams J, Maloney T, Gadd B, Smith D, Epstein JN, Grooms DR, Logan K, Howell DR, Altaye M, Myer GD. (2018). Mild jugular compression collar ameliorated changes in brain activation of working memory after one soccer season in female high school athletes. *J Neurotrauma* 35(11): 1248-1259.
36. Resch JE, Rach A, Walton S, Broshek DK. (2017). Sport concussion and the female athlete. *Clin Sports Med* 36(4): 717-739; Tierney RT, Sitler MR, Swanik CB, Swanik KA, Higgins M, Torg J. (2005). Gender differences in head-neck segment dynamic stabilization during head acceleration. *Med Sci Sports Exerc* 37(2): 272-279.
37. J. Larry Jameson, Anthony S. Fauci, Dennis L. Kasper, Stephen L. Hauser, Dan L. Longo, Joseph Loscalzo. (2018). *Harrison's Principles of Internal Medicine*. Vols. 1 and 2. 20th ed. New York: McGraw-Hill Education.
38. Harmon KG, Drezner JA, Gammons M, Guskiewicz KM, Halstead M, Herring SA, Kutcher JS, Pana A, Putukian M, Roberts WO. (2013). American Medical Society for Sports Medicine position statement: Concussion in sport. 47(1): 15-26.
39. Sollmann N, Echlin PS, Schultz V, Viher PV, Lyall AE, Tripodis Y, Kaufmann D, Hartl E, Kinzel P, Forwell LA, Johnson AM, Skopelja EN, Lepage C, Bouix S, Pasternak O, Lin AP, Shenton ME, Koerte IK. (2017). Sex differences in white matter alterations following repetitive subconcussive head impacts in collegiate ice hockey players. *Neuroimage Clin* 17: 642-649.
40. Chauhan A, Moser H, McCullough LD. (2017). Sex differences in ischaemic stroke: Potential cellular mechanisms. *Clin Sci* 131(7): 533-552; King A. (2011). The heart of a woman: Addressing the gender gap in cardiovascular disease. *Nat Rev Cardiol* 8(11): 239-240; Angela H.E.M. Maas, C. Noel Bairey Merz, eds. (2017). *Manual of Gynecardiology: Female-Specific Cardiology*. New York: Springer; Regitz-Zagrosek V, Kararigas G. (2017). Mechanistic

hereditary haemochromatosis. *Nat Genet* 13(4): 399-408.
27. 鉄と人間の健康との関係について、生物学から見た詳細は拙著を参照のこと。Shäron Moalem with Jonathan M. Prince. (2007). *Survival of the Sickest: A Medical Maverick Discovers Why We Need Disease*. New York: William Morrow (『迷惑な進化：病気の遺伝子はどこから来たのか』シャロン・モアレム、ジョナサン・プリンス著、矢野真千子訳、日本放送出版協会、2007年).
28. ヘモクロマトーシスについては現在、新しい治療法が試験されてはいるものの、食事による改善以外では瀉血がいぜんとしてもっとも一般的な治療法である。詳細は以下の書籍、論文を参照のこと。Robert Root-Bernstein, Michele Root-Bernstein. (1997). *Honey, Mud, Maggots, and Other Medical Marvels: The Science Behind Folk Remedies and Old Wives' Tales*. Boston: Houghton Mifflin; Kowdley KV, Brown KE, Ahn J, Sundaram V. (2019). ACG Clinical Guideline: Hereditary Hemochromatosis. *AM J Gastroenterol* 114(8): 1202-1218. 瀉血の歴史については以下の論文を参照のこと。Seigworth GR. (1980). Bloodletting over the centuries. *N Y State J Med* 80(13): 2022-2028.
29. Mazzotti G, Falconi M, Teti G, Zago M, Lanari M, Manzoli FA. (2010). The diagnosis of the cause of the death of Venerina. *J Anat* 216(2): 271-274.
30. Wernli KJ, Henrikson NB, Morrison CC, Nguyen M, Pocobelli G, Blasi PR. (2016). Screening for skin cancer in adults: Updated evidence report and systematic review for the US Preventive Services Task Force. *JAMA* 316(4): 436-447; Wernli KJ, Henrikson NB, Morrison CC, Nguyen M, Pocobelli G, Whitlock EP. (2016). Screening for skin cancer in adults: An updated systematic evidence review for the U.S. Preventive Services Task Force. *USPSTF: Agency for Healthcare Research and Quality*. 以下で閲覧可能。http://www.ncbi.nlm.nih.gov/books/NBK379854/.
31. Geller AC, Miller DR, Annas GD, Demierre MF, Gilchrest BA, Koh HK. (2002). Melanoma incidence and mortality among US whites, 1969-1999. *JAMA* 288(14): 1719-1720; Rastrelli M, Tropea S, Rossi CR, Alaibac M. (2014). Melanoma: Epidemiology, risk factors, pathogenesis, diagnosis and classification. *In Vivo* 28(6): 1005-1011.
32. 悪性黒色腫は日光暴露部以外（口腔、副鼻腔など）でも発生する可能性はあるが、報告されている発生部位の大半は紫外線暴露によるものと一般に解釈される。詳細は以下の論文を参照のこと。Chevalier V, Barbe C, Le Clainche A, Arnoult G, Bernard P, Hibon E, Grange F. (2014). Comparison of anatomical locations of cutaneous melanoma in men and women: A population-based study in France. *Br J Dermatol* 171(3): 595-601; Lesage C, Barbe C, Le Clainche A, Lesage FX, Bernard P, Grange F. (2013). Sex-related location of head and neck melanoma strongly argues for a major role of sun exposure in cars and photoprotection by hair. *J Invest Dermatol* 133(5): 1205-1211.
33. Chacko L, Macaron C, Burke CA. (2015). Colorectal cancer screening and

female prostate pathology. *J Sex Med* 6(6): 1704-1711.
22. Shäron Moalem. (2009). *How Sex Works: Why We Look, Smell, Taste, Feel and Act the Way We Do*. New York: HarperCollins（『人はなぜSEXをするのか？：進化のための遺伝子の最新研究』シャロン・モアレム著、実川元子訳、アスペクト、2010年）.
23. Dietrich W, Susani M, Stifter L, Haitel A. (2011). The human female prostate-immunohistochemical study with prostate-specific antigen, prostate-specific alkaline phosphatase, and androgen receptor and 3-D remodeling. *J Sex Med* 8(10): 2816-2821.
24. 本文で述べたように、女性のスキーン腺腫瘍（女性の前立腺がん）はきわめてまれではあるが報告されている。なかには血液中の前立腺特異抗原（PSA）濃度の上昇を伴う症例もある。詳細は以下の論文を参照のこと。Dodson MK, Cliby WA, Keeney GL, Peterson MF, Podratz KC. (1994). Skene's gland adenocarcinoma with increased serum level of prostate-specific antigen. *Gynecol Oncol* 55(2): 304-307; Korytko TP, Lowe GJ, Jimenez RE, Pohar KS, Martin DD. (2012). Prostatespecific antigen response after definitive radiotherapy for Skene's gland adenocarcinoma resembling prostate adenocarcinoma. *Urol Oncol* 30(5): 602-606; Pongtippan A, Malpica A, Levenback C, Deavers MT, Silva EG. (2004). Skene's gland adenocarcinoma resembling prostatic adenocarcinoma. *Int J Gynecol Pathol* 23(1): 71-74; Tsutsumi S, Kawahara T, Hattori Y, Mochizuki T, Teranishi JI, Makiyama K, Miyoshi Y, Otani M, Uemura H. (2018). Skene duct adenocarcinoma in a patient with an elevated serum prostate-specific antigen level: A case report. *J Med Case Rep* 12(1): 32; Zaviacic M, Ablin RJ. The female prostate and prostate-specific antigen. (2000). Immunohistochemical localization, implications of this prostate marker in women and reasons for using the term "prostate" in the human female. *Histol Histopathol* 15(1): 131-142.
25. Moalem S, Weinberg ED, Percy ME. (2004). Hemochromatosis and the enigma of misplaced iron: Implications for infectious disease and survival. *Biometals* 17(2): 135-139; Galaris D, Pantopoulos K. (2008). Oxidative stress and iron homeostasis: Mechanistic and health aspects. *Crit Rev Clin Lab Sci* 45(1): 1-23; Kander MC, Cui Y, Liu Z. (2017). Gender difference in oxidative stress: A new look at the mechanisms for cardiovascular diseases. *J Cell Mol Med* 21(5): 1024-1032; Pilo F, Angelucci E. (2018). A storm in the niche: Iron, oxidative stress and haemopoiesis. *Blood Rev* 32(1): 29-35.
26. Feder JN, Gnirke A, Thomas W, Tsuchihashi Z, Ruddy DA, Basava A, Dormishian F, Domingo R Jr, Ellis MC, Fullan A, Hinton LM, Jones NL, Kimmel BE, Kronmal GS, Lauer P, Lee VK, Loeb DB, Mapa FA, McClelland E, Meyer NC, Mintier GA, Moeller N, Moore T, Morikang E, Prass CE, Quintana L, Starnes SM, Schatzman RC, Brunke KJ, Drayna DT, Risch NJ, Bacon BR, Wolff RK. (1996). A novel MHC class I-like gene is mutated in patients with

randomized controlled trial. *Am J Gastroenterol* 103(5): 1217-1225; Tack J, Müller-Lissner S, Bytzer P, Corinaldesi R, Chang L, Viegas A, Schnekenbuehl S, Dunger-Baldauf C, Rueegg P. (2005). A randomised controlled trial assessing the efficacy and safety of repeated tegaserod therapy in women with irritable bowel syndrome with constipation. *Gut* 54(12): 1707-1713; Wagstaff AJ, Frampton JE, Croom KF. (2003). Tegaserod: A review of its use in the management of irritable bowel syndrome with constipation in women. *Drugs* 63(11): 1101-1120.

15. McCullough LD, Zeng Z, Blizzard KK, Debchoudhury I, Hurn PD. (2005). Ischemic nitric oxide and poly (ADP-ribose) polymerase-1 in cerebral ischemia: Male toxicity, female protection. *J Cereb Blood Flow Meta* 25(4): 502-512. 委員会の詳細は以下を参照のこと。National Institutes of Health. Sex as biological variable: A step toward stronger science, better health. https://orwh.od.nih.gov/about/director/messages/sex-biological-variable.
16. Schierlitz L, Dwyer PL, Rosamilia A, Murray C, Thomas E, De Souza A, Hiscock R. (2012). Three-year follow-up of tension-free vaginal tape compared with transobturator tape in women with stress urinary incontinence and intrinsic sphincter deficiency. *Obstet Gynecol* 119(2 Pt 1): 321-327; Kalejaiye O, Vij M, Drake MJ. (2015). Classification of stress urinary incontinence. *World J Urol* 33(9): 1215-1220.
17. 女性の射精に関する詳細は以下の書籍、論文を参照のこと。Shäron Moalem. (2009). *How Sex Works: Why We Look, Smell, Taste, Feel and Act the Way We Do*. New York: HarperCollins（『人はなぜSEXをするのか？：進化のための遺伝子の最新研究』シャロン・モアレム著、実川元子訳、アスペクト、2010 年）; Wimpissinger F, Stifter K, Grin W, Stackl W. (2007). The female prostate revisited: Perineal ultrasound and biochemical studies of female ejaculate. *J Sex Med* 4(5): 1388-1393.
18. Korda JB, Goldstein SW, Sommer F. (2010). The history of female ejaculation. *J Sex Med* 7(5): 1965-1675; Moalem S, Reidenberg JS. (2009). Does female ejaculation serve an antimicrobial purpose? *Med Hypotheses* 73(6): 1069-1071.
19. Biancardi MF, Dos Santos FCA, de Carvalho HF, Sanches BDA, Taboga SR. (2017). Female prostate: Historical, developmental, and morphological perspectives. *Cell Biol Int* 41(11): 1174-1183; Korda JB, Goldstein SW, Sommer F. (2010). The history of female ejaculation. *J Sex Med* 7(5): 1965-1975.
20. Heath D. (1984). An investigation into the origins of a copious vaginal discharge during intercourse: "Enough to wet the bed": That "is not urine." *J Sex Res* 20(2): 194-210.
21. John T. Hansen (2018). Netter's Clinical Anatomy. New York: Elsevier; Wimpissinger F, Tscherney R, Stackl W. (2009). Magnetic resonance imaging of

Jenkins MR, Southworth MR, McDowell TY, Geller RJ, Elahi M, Temple RJ, Woodcock J. (2018). Participation of women in clinical trials supporting FDA approval of cardiovascular drugs. *J Am Coll Cardiol* 71(18): 1960-1969.
8. Norman JL, Fixen DR, Saseen JJ, Saba LM, Linnebur SA. (2017). Zolpidem prescribing practices before and after Food and Drug Administration required product labeling changes. *SAGE Open Med*. doi: 10.1177/2050312117707687; Booth JN III, Behring M, Cantor RS, Colantonio LD, Davidson S, Donnelly JP, Johnson E, Jordan K, Singleton C, Xie F, McGwin G Jr. (2016). Zolpidem use and motor vehicle collisions in older drivers. *Sleep Med* 20: 98-102.
9. Rubin JB, Hameed B, Gottfried M, Lee WM, Sarkar M; Acute Liver Failure Study Group. (2018). Acetaminophen-induced acute liver failure is more common and more severe in women. *Clin Gastroenterol Hepatol* 6(6): 936-946.
10. Clayton JA, Collins FS. (2014). Policy: NIH to balance sex in cell and animal studies. *Nature* 509(7500): 282-283; Miller LR, Marks C, Becker JB, Hurn PD, Chen WJ, Woodruff T, McCarthy MM, Sohrabji F, Schiebinger L, Wetherington CL, Makris S, Arnold AP, Einstein G, Miller VM, Sandberg K, Maier S, Cornelison TL, Clayton JA. (2017). Considering sex as a biological variable in preclinical research. *FASEB J* 31(1): 29-34; Ventura-Clapier R, Dworatzek E, Seeland U, Kararigas G, Arnal JF, Brunelleschi S, Carpenter TC, Erdmann J, Franconi F, Giannetta E, Glezerman M, Hofmann SM, Junien C, Katai M, Kublickiene K, König IR, Majdic G, Malorni W, Mieth C, Miller VM, Reynolds RM, Shimokawa H, Tannenbaum C, D'Ursi AM, Regitz-Zagrosek V. (2017). Sex in basic research: Concepts in the cardiovascular field. *Cardiovasc Res* 113(7): 711-724.
11. 女性に対する健康リスクを理由に、1997年から2000年の間に米国市場から回収された処方薬については、以下のウェブサイトを参照のこと。https://www.gao.gov/new.items/d01286r.pdf.
12. Waxman DJ, Holloway MG. (2009). Sex differences in the expression of hepatic drug metabolizing enzymes. *Mol Pharmacol* 76(2): 215-228; Whitley HP, Lindsey W. (2009). Sex-based differences in drug activity. *Am Fam Physician* 80(11): 1254-1258.
13. Beierle I, Meibohm B, Derendorf H. (1999). Gender differences in pharmacokinetics and pharmacodynamics. *Int J Clin Pharmacol Ther* 37(11): 529-547; Datz FL, Christian PE, Moore J. (1987). Gender-related differences in gastric emptying. *J Nucl Med* 28(7): 1204-1207; Islam MM, Iqbal U, Walther BA, Nguyen PA, Li YJ, Dubey NK, Poly TN, Masud JHB, Atique S, Syed-Abdul S. (2017). Gender-based personalized pharmacotherapy: A systematic review. *Arch Gynecol Obstet* 295(6): 1305-1317.
14. Chey WD, Paré P, Viegas A, Ligozio G, Shetzline MA. (2008). Tegaserod for female patients suffering from IBS with mixed bowel habits or constipation: A

preclinical cardiovascular research: Implications for translational medicine and health equity for women; A systematic assessment of leading cardiovascular journals over a 10-year period. *Circulation* 135(6): 625-626; Rich-Edwards JW, Kaiser UB, Chen GL, Manson JE, Goldstein JM. (2018). Sex and gender differences research design for basic, clinical, and population studies: Essentials for investigators. *Endocr Rev* 39(4): 424-439; Shansky RM, Woolley CS. (2016). Considering sex as a biological variable will be valuable for neuroscience research. *J Neurosci* 36(47): 11817-11822; Weinberger AH, McKee SA, Mazure CM. (2010). Inclusion of women and gender-specific analyses in randomized clinical trials of treatments for depression. *J Womens Health* 19(9): 1727-1732.

2. 鉄およびその必要量の男女差に関する詳細は米国国立衛生研究所の健康情報を参照のこと。https://ods.od.nih.gov/factsheets/Iron-HealthProfessional. 亜鉛については以下のウェブサイトを参照のこと。https://ods.od.nih.gov/factsheets/Zinc-HealthProfessional/.
3. この医薬品業界向けのガイダンスは1987年に公表された。詳細は米国食品医薬品局（1987年2月)、申請書の非臨床薬理・毒性セクションの書式および内容を参照のこと。https://www.fda.gov/downloads/Drugs/GuidanceComplianceRegulatoryInformation/Guidances/UCM079234.pdf.
4. FDAのウェブサイトより引用。https://www.fda.gov/scienceresearch/specialtopics/womenshealthresearch/ucm472932.htm.
5. 臨床試験における女性被験者の選択、除外をめぐる歴史的な経緯と最新の状況については以下を参照のこと。Thibaut F. (2017). Gender does matter in clinical research. *Eur Arch Psychiatry Clin Neurosci* 267(4): 283-284; Zakiniaeiz Y, Cosgrove KP, Potenza MN, Mazure CM. (2016). Balance of the sexes: Addressing sex differences in preclinical research. *Yale J Biol Med* 89(2): 255-259; FDA. Gender studies in product development: Historical overview. https://www.fda.gov/ScienceResearch/SpecialTopics/WomensHealthResearch/ucm134466.htm.
6. 詳細は以下を参照のこと。National Institutes of Health. NIH policy and guidelines on the inclusion of women and minorities as subjects in clinical research. https://grants.nih.gov/grants/funding/womenmin/guidelines.htm.
7. 臨床試験における女性被験者の低参加率については現在もなお議論されている。男女両方に処方される薬あるいは施される治療法の全臨床試験において両性の平等を達成するには、とりわけ第1相、第2相で対処すべき要件がまだ多数ある。詳細については以下の研究、解説を参照のこと。Gispen-de Wied C, de Boer A. (2018). Commentary on "Gender differences in clinical registration trials; is there a real problem?" by Labots et al. *Br J Clin Pharmacol* 84(8): 1639-1640; Labots G, Jones A, de Visser SJ, Rissmann R, Burggraaf J. (2018). Gender differences in clinical registration trials: Is there a real problem? *Br J Clin Pharmacol* 84(4): 700-707; Scott PE, Unger EF,

MA. (2016). Sex bias in CNS autoimmune disease mediated by androgen control of autoimmune regulator. *Nat Commun* 7: 11350.
41. Ishido N, Inoue N, Watanabe M, Hidaka Y, Iwatani Y. (2015). The relationship between skewed X chromosome inactivation and the prognosis of Graves' and Hashimoto's diseases. *Thyroid* 25(2): 256-261; Kanaan SB, Onat OE, Balandraud N, Martin GV, Nelson JL, Azzouz DF, Auger I, Arnoux F, Martin M, Roudier J, Ozcelik T, Lambert NC. (2016). Evaluation of X chromosome inactivation with respect to HLA genetic susceptibility in rheumatoid arthritis and systemic sclerosis. *PLoS One* 11(6): e0158550; Simmonds MJ, Kavvoura FK, Brand OJ, Newby PR, Jackson LE, Hargreaves CE, Franklyn JA, Gough SC. (2014). Skewed X chromosome inactivation and female preponderance in autoimmune thyroid disease: An association study and meta-analysis. *J Clin Endocrinol Metab* 99(1): E127-131.
42. Siegel RL, Miller KD, Jemal A. (2017). Cancer statistics, 2017. *CA Cancer J Clin* 67(1): 7-30.
43. 全種類のがんおよびその発生率については米国国立がん研究所監視疫学遠隔成績（SEER）プログラムのウェブサイトを参照のこと。https://seer.cancer.gov.
44. Abegglen LM, Caulin AF, Chan A, Lee K, Robinson R, Campbell MS, Kiso WK, Schmitt DL, Waddell PJ, Bhaskara S, Jensen ST, Maley CC, Schiffman JD. (2015). Potential mechanisms for cancer resistance in elephants and comparative cellular response to DNA damage in humans. *JAMA* 14(17): 1850-860.
45. Vazquez JM, Sulak M, Chigurupati S, Lynch VJ. (2018). A zombie LIF gene in elephants is upregulated by TP53 to induce apoptosis in response to DNA damage. *Cell Rep* 24(7): 1765-1776.
46. Dunford A, Weinstock DM, Savova V, Schumacher SE, Cleary JP, Yoda A, Sullivan TJ, Hess JM, Gimelbrant AA, Beroukhim R, Lawrence MS, Getz G, Lane AA. (2017). Tumor-suppressor genes that escape from X-inactivation contribute to cancer sex bias. *Nat Genet* 49(1): 10-16; Wainer Katsir K, Linial M. (2019). Human genes escaping X-inactivation revealed by single cell expression data. *BMC Genomics* 20(1): 201; Carrel L, Brown CJ. (2017). When the Lyon(ized chromosome) roars: Ongoing expression from an inactive X chromosome. *Philos Trans R Soc Lond B Biol Sci* 372(1733).

第６章　健やかに暮らす：女性の健康が男性の健康ではない理由

1. このテーマの概論としては以下の論文を参照のこと。Lee H, Pak YK, Yeo EJ, Kim YS, Paik HY, Lee SK. (2018). It is time to integrate sex as a variable in preclinical and clinical studies. *Exp Mol Med* 50(7): 82; Ramirez FD, Motazedian P, Jung RG, Di Santo P, MacDonald Z, Simard T, Clancy AA, Russo JJ, Welch V, Wells GA, Hibbert B. (2017). Sex bias is increasingly prevalent in

org/living-pi-explaining-pi-others/story-david.
32. Klein SL, Pekosz A. (2014). Sex-based biology and the rational design of influenza vaccination strategies. *J Infect Dis* 3: S114-119.
33. Rider V, Abdou NI, Kimler BF, Lu N, Brown S, Fridley BL. (2018). Gender bias in human systemic lupus erythematosus: A problem of steroid receptor action? *Front Immunol* 9: 611.
34. Donald E. Thomas. (2014). *The Lupus Encyclopedia: A Comprehensive Guide for Patients and Families*. Baltimore: Johns Hopkins University Press.
35. 自己免疫疾患に関する詳細は NIH のウェブサイトを参照のこと。https://www.niehs.nih.gov/health/materials/autoimmune_diseases_508.pdf.
36. Chiaroni-Clarke RC, Munro JE, Ellis JA. (2016). Sex bias in paediatric autoimmune disease — not just about sex hormones? *J Autoimmun* 69: 12-23; Gary S. Firestein, Ralph C. Budd, Sherine E. Gabriel, Iain B. McInnes, James R. O'Dell. (2017). *Kelley and Firestein's Textbook of Rheumatology*. New York: Elsevier.
37. Mackay IR. (2010). Travels and travails of autoimmunity: A historical journey from discovery to rediscovery. *Autoimmun Rev* 9(5): A251-258; Silverstein AM. (2001). Autoimmunity versus horror autotoxicus: The struggle for recognition. *Nat Immunol* 2(4): 279-281.
38. Cruz-Adalia A, Ramirez-Santiago G, Calabia-Linares C, Torres-Torresano M, Feo L, Galán-Díez M, Fernández-Ruiz E, Pereiro E, Guttmann P, Chiappi M, Schneider G, Carrascosa JL, Chichón FJ, Martínez Del Hoyo G, Sánchez-Madrid F, Veiga E. (2014). T cells kill bacteria captured by transinfection from dendritic cells and confer protection in mice. *Cell Host Microbe* 15(5): 611-622; Cruz-Adalia A, Veiga E. (2016). Close encounters of lymphoid cells and bacteria. *Front Immunol* 7: 405.
39. Daley SR, Teh C, Hu DY, Strasser A, Gray DHD. (2017). Cell death and thymic tolerance. *Immunol Rev* 277(1): 9-20; Kurd N, Robey EA. (2016). T-cell selection in the thymus: A spatial and temporal perspective. *Immunol Rev* 271(1): 114-26; Xu X, Zhang S, Li P, Lu J, Xuan Q , Ge Q. (2013). Maturation and emigration of single-positive thymocytes. *Clin Dev Immunol*. doi: 10.1155/2013/282870.
40. Berrih-Aknin S, Panse RL, Dragin N. (2018). AIRE: A missing link to explain female susceptibility to autoimmune diseases. *Ann N Y Acad Sci* 1412(1): 21-32; Dragin N, Bismuth J, Cizeron-Clairac G, Biferi MG, Berthault C, Serraf A, Nottin R, Klatzmann D, Cumano A, Barkats M, Le Panse R, Berrih-Aknin S. (2016). Estrogen-mediated downregulation of AIRE influences sexual dimorphism in autoimmune diseases. *J Clin Invest* 126(4): 1525-1537; Passos GA, Speck-Hernandez CA, Assis AF, Mendes-da-Cruz DA. (2018). Update on Aire and thymic negative selection. *Immunology* 153(1): 10-20; Zhu ML, Bakhru P, Conley B, Nelson JS, Free M, Martin A, Starmer J, Wilson EM, Su

MMWR Recomm Rep 64(RR-02): 1-26; Habeck M. (2002). UK awards contract for smallpox vaccine. *Lancet Infect Dis* 2(6): 321; Stamm LV. (2015). Smallpox redux? *JAMA Dermatol* 151(1): 13-14; Wiser I, Balicer RD, Cohen D. (2007). An update on smallpox vaccine candidates and their role in bioterrorism related vaccination strategies. *Vaccine* 25(6): 976-984.

26. 黒死病の歴史について、筆者は以前に詳細をまとめている。拙著を参照のこと。Shäron Moalem with Jonathan M. Prince. (2007). *Survival of the Sickest: A Medical Maverick Discovers Why We Need Disease*. New York: William Morrow.(『迷惑な進化：病気の遺伝子はどこから来たのか』シャロン・モアレム、ジョナサン・プリンス著、矢野真千子訳、日本放送出版協会、2007年).
27. ヒトや動物に感染して病気を引き起こす細菌および真菌には、金属である鉄の捕捉と利用に依存しているものが多い。興味深いことに、これらの微生物や関連微生物の多くは植物、昆虫、脊椎動物にも感染する。鉄に依存した病原性を有する、種々の細菌とその詳細については以下の論文を参照のこと。Moalem S, Weinberg ED, Percy ME. (2004). Hemochromatosis and the enigma of misplaced iron: Implications for infectious disease and survival. *Biometals* 17(2): 135-139; Holden VI, Bachman MA. (2015). Diverging roles of bacterial siderophores during infection. *Metallomics* 7(6): 986-995; Lyles KV, Eichenbaum Z. (2018). From host heme to iron: The expanding spectrum of heme degrading enzymes used by pathogenic bacteria. *Front Cell Infect Microbiol* 8: 198; Nevitt T. (2011). War-Fe-re: Iron at the core of fungal virulence and host immunity. *Biometals* 24(3): 547-558; Rakin A, Schneider L, Podladchikova O. (2012). Hunger for iron: The alternative siderophore iron scavenging systems in highly virulent *Yersinia*. *Front Cell Infect Microbiol* 2: 151.
28. Perry RD, Fetherston JD. (2011). Yersiniabactin iron uptake: Mechanisms and role in *Yersinia pestis* pathogenesis. *Microbes Infect* 13(10): 808-817.
29. Berglöf A, Turunen JJ, Gissberg O, Bestas B, Blomberg KE, Smith CI. (2013). Agammaglobulinemia: Causative mutations and their implications for novel therapies. *Expert Rev Clin Immunol* 9(12): 1205-1221.
30. Souyris M, Cenac C, Azar P, Daviaud D, Canivet A, Grunenwald S, Pienkowski C, Chaumeil J, Mejía JE, Guéry JC. (2018). TLR7 escapes X chromosome inactivation in immune cells. *Sci Immunol* 3(19).
31. デイヴィッド・ヴェッターの人生に関する詳細は以下の論文を参照のこと。Berg LJ. (2008). The "bubble boy" paradox: An answer that led to a question. *J Immunol* 181(9): 5815-5816; Hollander SA, Hollander EJ. (2018). The boy in the bubble and the baby with the Berlin heart: The dangers of "bridge to decision" in pediatric mechanical circulatory support. *ASAIO J* 64(6): 831-832. デイヴィッドがたどった経過や病状に関する論文等のリストは免疫不全財団のウェブサイトにも掲載されている。https://primaryimmune.

25(21): 4261-4265; Simmons BJ, Falto-Aizpurua LA, Griffith RD, Nouri K. (2015). Smallpox: 12,000 years from plagues to eradication: A dermatologic ailment shaping the face of society. *JAMA Dermatol* 151(5): 521.
17. Flanagan KL, Fink AL, Plebanski M, Klein SL. (2017). Sex and gender differences in the outcomes of vaccination over the life course. *Annu Rev Cell Dev Biol* 33: 577-599; Klein SL, Pekosz A. (2014). Sex-based biology and the rational design of influenza vaccination strategies. *J Infect Dis* 3: S114-119.
18. Weiss RA, Esparza J. (2015). The prevention and eradication of smallpox: A commentary on Sloane (1755) "An account of inoculation." *Philos Trans R Soc Lond B Biol Sci* 370: 1666.
19. Stone AF, Stone WD. (2002). Lady Mary Wortley Montagu: Medical and religious controversy following her introduction of smallpox inoculation. *J Med Biogr* 10(4): 232-236.
20. Weiss RA, Esparza J. (2015). The prevention and eradication of smallpox: A commentary on Sloane (1755) "An account of inoculation." *Philos Trans R Soc Lond B Biol Sci* 370: 1666.
21. サットンは科学者としても医師としても正式な教育こそ受けていなかったが、大勢の人に人痘接種を実施し、興味深い観察記録を残している。サットンが送ったおもしろい人生について、詳細は以下を参照のこと。Boylston A. (2012). Daniel Sutton, a forgotten 18th century clinician scientist. *J R Soc Med* 105(2): 85-87.
22. 以下より引用。Weiss RA, Esparza J. (2015). The prevention and eradication of smallpox: A commentary on Sloane (1755) "An account of inoculation." *Philos Trans R Soc Lond B Biol Sci* 370: 1666.
23. Bruce Alberts, Alexander Johnson, Julian Lewis, Martin Raff, Keith Roberts, and Peter Walter. (2002). *Molecular Biology of the Cell*. 4th ed. New York: Garland Science; Li J, Yin W, Jing Y, Kang D, Yang L, Cheng J, Yu Z, Peng Z, Li X, Wen Y, Sun X, Ren B, Liu C. (2019). The coordination between B cell receptor signaling and the actin cytoskeleton during B cell activation. *Front Immunol* 9: 3096.
24. Klein SL, Pekosz A. (2014). Sex-based biology and the rational design of influenza vaccination strategies. *J Infect Dis* 209 Suppl 3: S114-9; Klein SL, Marriott I, Fish EN. (2015). Sex-based differences in immune function and responses to vaccination. *Trans R Soc Trop Med Hyg* 109(1): 9-15.
25. Nalca A, Zumbrun EE. (2010). ACAM2000: The new smallpox vaccine for United States Strategic National Stockpile. *Drug Des Devel Ther* 4: 71-79; Nagata LP, Irwin CR, Hu WG, Evans DH. (2018). Vaccinia-based vaccines to biothreat and emerging viruses. *Biotechnol Genet Eng Rev* 34(1): 107-121; Petersen BW, Damon IK, Pertowski CA, Meaney-Delman D, Guarnizo JT, Beigi RH, Edwards KM, Fisher MC, Frey SE, Lynfield R, Willoughby RE. (2015). Clinical guidance for smallpox vaccine use in a postevent vaccination program.

4. WHO がみごとに達成した天然痘の完全撲滅に関する詳細は以下を参照のこと。World Health Organization. The Smallpox Eradication Programme — SEP (1966-1980). https://www.who.int/features/2010/smallpox/en/.
5. D'Amelio E, Salemi S, D'Amelio R. (2016). Anti-infectious human vaccination in historical perspective. *Int Rev Immunol* 35(3): 260-290; Hajj Hussein I, Chams N, Chams S, El Sayegh S, Badran R, Raad M, Gerges-Geagea A, Leone A, Jurjus A. (2015). Vaccines through centuries: Major cornerstones of global health. *Front Public Health* 3: 269.
6. Riedel S. (2005). Edward Jenner and the history of smallpox and vaccination. *Proc (Bayl Univ Med Cent)* 18(1): 21-25.
7. Damaso CR. (2018). Revisiting Jenner's mysteries, the role of the Beaugency lymph in the evolutionary path of ancient smallpox vaccines. *Lancet Infect Dis* 18(2): e55-e63.
8. Mucker EM, Hartmann C, Hering D, Giles W, Miller D, Fisher R, Huggins J. (2017). Validation of a panorthopox real-time PCR assay for the detection and quantification of viral genomes from nonhuman primate blood. *Virol J* 14(1): 210.
9. 研究対象としての人体の利用をめぐる倫理について、議論の詳細は以下の論文を参照のこと。Davies H. (2007). Ethical reflections on Edward Jenner's experimental treatment. *J Med Ethics* 33(3): 174-176.
10. Riedel S. (2005). Edward Jenner and the history of smallpox and vaccination. *Proc (Bayl Univ Med Cent)* 18(1): 21-25.
11. Jenson AB, Ghim SJ, Sundberg JP. (2016). An inquiry into the causes and effects of the variolae (or Cowpox. 1798). *Exp Dermatol* 25(3): 178-180.
12. ジェンナーに関する詳細は以下を参照のこと。the London School of Hygiene and Tropical Medicine. Edward Jenner (1749-1823). https://www.lshtm.ac.uk/aboutus/introducing/history/frieze/edward-jenner.
13. Rusnock A. (2009). Catching cowpox: The early spread of smallpox vaccination, 1798-1810. *Bull Hist Med* 83(1): 17-36.
14. Lady Mary Montagu was born on May 26, 1689: Dinc G, Ulman YI. (2007). The introduction of variolation "A La Turca" to the West by Lady Mary Montagu and Turkey's contribution to this. *Vaccine* 25(21): 4261-4265; Rathbone J. (1996). Lady Mary Wortley Montague's contribution to the eradication of smallpox. *Lancet* 347(9014): 1566.
15. Barnes D. (2012). The public life of a woman of wit and quality: Lady Mary Wortley Montagu and the vogue for smallpox inoculation. *Fem Stud* 38(2): 330-362; Weiss RA, Esparza J. (2015). The prevention and eradication of smallpox: A commentary on Sloane (1755) "An account of inoculation." *Philos Trans R Soc Lond B Biol Sci* 370 (1666).
16. Dinc G, Ulman YI. (2007). The introduction of variolation "A La Turca" to the West by Lady Mary Montagu and Turkey's contribution to this. *Vaccine*

the future. *Drug Des Devel Ther* 11: 2467-2480; Muenzer J, Giugliani R, Scarpa M, Tylki-Szymańska A, Jego V, Beck M. (2017). Clinical outcomes in idursulfase-treated patients with mucopolysaccharidosis type II: 3-year data from the Hunter Outcome Survey (HOS). *Orphanet J Rare Dis* 12(1): 161; Sohn YB, Cho SY, Park SW, Kim SJ, Ko AR, Kwon EK, Han SJ, Jin DK. (2013). Phase I/II clinical trial of enzyme replacement therapy with idursulfase beta in patients with mucopolysaccharidosis II (Hunter syndrome). *Orphanet J Rare Dis* 8: 42.
28. コートニーについて詳細を知りたい方には以下をお薦めする。Ariella Gintzler. How Courtney Dauwalter won the Moab 240 outright: The 32-year-old gapped second place (and first male) by 10 hours. Trail Runner Magazine, October 18, 2017. https://trailrunnermag.com/people/news/courtney-dauwalter-wins-moab-240.html.
29. 以下の記事より引用。Taylor Rojek. There's no stopping ultrarunner Courtney Dauwalter: The 33-year-old ultrarunner is smashing records — and she doesn't plan on slowing down. *Runner's World*, August 3, 2018.
30. Angie Brown. The longer the race, the stronger we get. *BBC Scotland*, January 17, 2019. https://www.bbc.com/news/uk-scotland-edinburgh-east-fife-46906365.
31. 以下の記事より引用。Meaghan Brown. The longer the race, the stronger we get. *Outside*, April 11, 2017. https://www.outsideonline.com/2169856/longer-race-stronger-we-get.
32. 以下の記事より引用。コルビンガーの優勝についても記載。Helen Pidd. Cancer researcher becomes first women to win 4,000km cycling race. *The Guardian*. August 6, 2019. https://www.theguardian.com/sport/2019/aug/06/fiona-kolbinger-first-woman-win-transcontinental-cycling-race.

第５章　超免疫：損失と利益

1. Ghio AJ. (2017). Particle exposure and the historical loss of Native American lives to infections. *Am J Respir Crit Care Med* 195(12): 1673; Shchelkunov SN. (2011). Emergence and reemergence of smallpox: The need for development of a new generation smallpox vaccine. *Vaccine* 29(Suppl 4): D49-53; Voigt EA, Kennedy RB, Poland GA. (2016). Defending against smallpox: A focus on vaccines. *Expert Rev Vaccines* 15(9): 1197-1211.
2. このテーマに関する詳細は以下を参照のこと。Frank Fenner, Donald A. Henderon, Isao Arita, Zdeněk Ježek, Ivan D. Ladnyi. (1988). *Smallpox and Its Eradication*. Geneva: World Health Organization; Jack W. Hopkins. (1989). *The Eradication of Smallpox: Organizational Learning and Innovation in International Health*. Boulder, CO: Westview Press.
3. Reardon S. (2014). Infectious diseases: Smallpox watch. *Nature* 509(7498): 22-24.

Curr Biol 28(22): R1313-R1324; Raznahan A, Parikshak NN, Chandran V, Blumenthal JD, Clasen LS, Alexander-Bloch AF, Zinn AR, Wangsa D, Wise J, Murphy DGM, Bolton PF, Ried T, Ross J, Giedd JN, Geschwind DH. (2018). Sexchromosome dosage effects on gene expression in humans. *Proc Natl Acad Sci USA* 115(28): 7398-7403; Balaton BP, Dixon-McDougall T, Peeters SB, Brown CJ. (2018). The eXceptional nature of the X chromosome. *Hum Mol Genet* 27(R2): R242-R249.
20. Marcel Mazoyer, Laurence Roudart. (2006). *A History of World Agriculture: From the Neolithic Age to the Current Crisis*. New York: Monthly Review Press.
21. Attwell L, Kovarovic K, Kendal J. (2015). Fire in the Plio-Pleistocene: The functions of hominin fire use, and the mechanistic, developmental and evolutionary consequences. *J Anthropol Sci* 93: 1-20; Gowlett JA. (2016). The discovery of fire by humans: A long and convoluted process. *Philos Trans R Soc Lond B Biol Sci* 371: 1696.
22. Dribe M, Olsson M, Svensson P. (2015). Famines in the Nordic countries, AD 536-1875. *Lund Papers in Economic History* 138: 1-41; Zarulli V, Barthold Jones JA, Oksuzyan A, Lindahl-Jacobsen R, Christensen K, Vaupel JW. (2018). Women live longer than men even during severe famines and epidemics. *Proc Natl Acad Sci USA* 115(4): E832-E840.
23. データはヴァージニア・ザルーリによる以下の報告に基づく。Biology makes women and girls survivors. July 15, 2018. http://sciencenordic.com/biology-makes-women-and-girls-survivors; ザルーリ博士はこのテーマを共著論文にまとめ、*PNAS* で発表もしている。Zarulli V, Barthold Jones JA, Oksuzyan A, Lindahl-Jacobsen R, Christensen K, Vaupel JW. (2018). Women live longer than men even during severe famines and epidemics. *Proc Natl Acad Sci USA* 115(4): E832-E840.
24. Andrew F. Smith. (2011). *Potato: A Global History*. London: Reaktion Books; Machida-Hirano R. (2015). Diversity of potato genetic resources. *Breed Sci* 65(1): 26-40; Camire ME, Kubow S, Donnelly DJ. (2009). Potatoes and human health. *Crit Rev Food Sci Nutr* 49(10): 823-840.
25. Comai L. (2005). The advantages and disadvantages of being polyploid. *Nat Rev Genet* (11): 836-846; Tanvir-Ul-Hassan Dar, Reiaz-Ul Rehman. (2017). *Polyploidy: Recent Trends and Future Perspectives*. New York: Springer.
26. Muenzer J, Jones SA, Tylki-Szymańska A, Harmatz P, Mendelsohn NJ, Guffon N, Giugliani R, Burton BK, Scarpa M, Beck M, Jangelind Y, Hernberg-Stahl E, Larsen MP, Pulles T, Whiteman DAH. (2017). Ten years of the Hunter Outcome Survey (HOS): Insights, achievements, and lessons learned from a global patient registry. *Orphanet J Rare Dis* 12(1): 82.
27. Whiteman DA, Kimura A. (2017). Development of idursulfase therapy for mucopolysaccharidosis type II (Hunter syndrome): The past, the present and

Donner Party. Reno: University of Nevada Press; Grayson DK. (1993). Differential mortality and the Donner Party disaster. *Evol Anthropol* 2: 151-159.

14. 平均寿命については以下で公表されている。France Meslé, Jacques Vallin (2012). *Mortality and Causes of Death in 20th-Century Ukraine*. New York: Springer Science and Business Media. ミーズルとバリンの研究は、該当する時代についてもっとも信頼できる歴史文献、統計文献に基づいている。詳細は以下を参照のこと。Zarulli V, Barthold Jones JA, Oksuzyan A, Lindahl-Jacobsen R, Christensen K, Vaupel JW. (2018). Women live longer than men even during severe famines and epidemics. *Proc Natl Acad Sci USA* 115(4): E832-E840.
15. 遺伝的男性と女性の身体的差異に関する詳細は以下を参照のこと。Ellen Casey, Joel Press J, Monica Rho M. (2016). *Sex Differences in Sports Medicine*. New York: Springer Publishing.
16. Lindahl-Jacobsen R, Hanson HA, Oksuzyan A, Mineau GP, Christensen K, Smith KR. (2013). The male-female health-survival paradox and sex differences in cohort life expectancy in Utah, Denmark, and Sweden 1850-1910. *Ann Epidemiol* 23(4): 161-166.
17. 米国の労働災害による死因の内訳に関しては以下を参照のこと。Clougherty JE, Souza K, Cullen MR. (2010). Work and its role in shaping the social gradient in health. *Ann N Y Acad Sci* 1186: 102-124; Bureau of Labor Statistics. Census of fatal occupational injuries summary, 2017. https://www.bls.gov/news.release/cfoi.nr0.htm.
18. Austad SN, Fischer KE. (2016). Sex differences in lifespan. *Cell Metab* 23(6): 1022-1033; Luy M. (2003). Causes of male excess mortality: Insights from cloistered populations. *Pop and Dev Review* 29(4): 647-676.
19. Tukiainen T, Villani AC, Yen A, Rivas MA, Marshall JL, Satija R, Aguirre M, Gauthier L, Fleharty M, Kirby A, Cummings BB, Castel SE, Karczewski KJ, Aguet F, Byrnes A; GTEx Consortium; Laboratory, Data Analysis and Coordinating Center (LDACC) — Analysis Working Group; Statistical Methods groups — Analysis Working Group; Enhancing GTEx (eGTEx) groups; NIH Common Fund; NIH/NCI; NIH/NHGRI; NIH/NIMH; NIH/NIDA; Biospecimen Collection Source Site — NDRI; Biospecimen Collection Source Site — RPCI; Biospecimen Core Resource — VARI; Brain Bank Repository — University of Miami Brain Endowment Bank; Leidos Biomedical — Project Management; ELSI Study; Genome Browser Data Integration &Visualization — EBI; Genome Browser Data Integration and Visualization — UCSC Genomics Institute, University of California Santa Cruz; Lappalainen T, Regev A, Ardlie KG, Hacohen N, MacArthur DG. (2017). Landscape of X chromosome inactivation across human tissues. *Nature* 550(7675): 244-248; Snell DM, Turner JMA. (2018). Sex chromosome effects on male-female differences in mammals.

awareness in seventeenth-century London. *Bull Med Libr Assoc* 85(4): 391-401; Raoult D, Mouffok N, Bitam I, Piarroux R, Drancourt M. (2013). Plague: History and contemporary analysis. *J Infect* 66(1): 18-26. ロンドンにおける14世紀から17世紀までの腺ペストによる死亡率に関する詳細は以下を参照のこと。Twigg G. (1992). Plague in London: Spatial and temporal aspects of mortality. https://www.history.ac.uk/cmh/epitwig.html.

6. ロンドンの歴史に果たした調査員の重要な役割に関する詳細は以下を参照のこと。Munkhoff R. (1999). Searchers of the dead: Authority, marginality, and the interpretation of plague in England, 1574-1665. *Gend Hist* 11(1): 1-29.
7. Morabia A. (2013). Epidemiology's 350th anniversary: 1662-2012. Epidemiology 24(2): 179-183; Slauter W. (2011). Write up your dead. *Med Hist* 17(1): 1-15.
8. Bellhouse DR. (2011). A new look at Halley's life table. *J Royal Stat Soc Series A* 174(3): 823-832; Halley E. (1693): An estimate of the degrees of the mortality of mankind, drawn from curious tables of the births and funerals at the city of Breslaw; with an attempt to ascertain the price of annuities upon lives. *Phil Trans Roy Soc London* 17: 596-610; Mary Virginia Fox. (2007). *Scheduling the Heavens: The Story of Edmond Halley.* Greensboro, NC: Morgan Reynolds; John Gribbin, Mary Gribbin. (2017). *Out of the Shadow of a Giant: Hooke, Halley, and the Birth of Science*. New Haven, CT: Yale University Press.
9. Anders Hald. (2003). *A History of Probability and Statistics and Their Applications Before 1750*. Hoboken, NJ: John Wiley and Sons.
10. Peter Sprent, Nigel C. Smeeton. (2007). *Applied Nonparametric Statistical Methods*. Boca Raton, FL: CRC Press.
11. 女性の長寿に関する論文は多数発表されている。さらに知りたい方には、入口としては以下の論文がちょうどよくまとまっている。Marais GAB, Gaillard JM, Vieira C, Plotton I, Sanlaville D, Gueyffier F, Lemaitre JF. (2018). Sex gap in aging and longevity: Can sex chromosomes play a role? *Biol Sex Differ* 9(1): 33; Pipoly I, Bokony V, Kirkpatrick M, Donald PF, Szekely T, Liker A. (2015). The genetic sex-determination system predicts adult sex ratios in tetrapods. *Nature* 527(7576): 91-94; Austad SN, Fischer KE. (2016). Sex differences in lifespan. *Cell Metab* (6): 1022-1033.
12. マルグリットが置き去りにされた島については、現在も議論が続いている。ベル島の可能性が高いが、ほかにも候補に挙がっている場所が数か所ある。マルグリットの実話を元に書かれた歴史小説 Elizabeth Boyer. (1975). *Marguerite de La Roque: A Story of Survival.* Novelty, OH: Veritie Press. もある。
13. ドナー隊の運命の旅について書かれたものは多数ある。調査、分析に関しては以下を参照のこと。Donald L. Hardesty. (2005). *The Archaeology of the*

Monoamine oxidase A gene (*MAOA*) predicts behavioral aggression following provocation. *Proc Natl Acad Sci USA* 106(7): 2118-2123; Chester DS, DeWall CN, Derefinko KJ, Estus S, Peters JR, Lynam DR, Jiang Y. (2015). Monoamine oxidase A (*MAOA*) genotype predicts greater aggression through impulsive reactivity to negative affect. *Behav Brain Res* 283: 97-101; González-Tapia MI, Obsuth I. (2015). "Bad genes" and criminal responsibility. *Int J Law Psychiatry* 39: 60-71.
45. *MAOA* 遺伝子に関する詳細は以下を参照のこと。Hunter P. (2010). The psycho gene. *EMBO Rep* 11(9): 667-669.
46. Palmer EE, Leffler M, Rogers C, Shaw M, Carroll R, Earl J, Cheung NW, Champion B, Hu H, Haas SA, Kalscheuer VM, Gecz J, Field M. (2016). New insights into Brunner syndrome and potential for targeted therapy. *Clin Genet* 89(1): 120-127.
47. サラ・アン・マーフィーの卒業論文"Born to Rage?: A Case Study of the Warrior Gene,"より引用。同論文は以下のウェブサイトで閲覧可能。https://wakespace.lib.wfu.edu/bitstream/handle/10339/37295/Murphywfu0248M10224.pdf.

第4章　スタミナ：なぜ女性は男性より長く生きるのか

1. Adair T, Kippen R, Naghavi M, Lopez AD. (2019). The setting of the rising sun? A recent comparative history of life expectancy trends in Japan and Australia. *PLoS One* 14(3): e0214578; GBD 2015 Mortality and Causes of Death Collaborators. (2016). Global, regional, and national life expectancy, all-cause mortality, and cause-specific mortality for 249 causes of death, 1980-2015: A systematic analysis for the Global Burden of Disease Study. *Lancet* 388(10053): 1459-1544. 日本をはじめ、長寿の人が多い国に焦点を当てた記事については以下を参照のこと。Marina Pitofsky. What countries have the longest life expectancies. *USA Today*, July 27, 2018. https://eu.usatoday.com/story/news/2018/07/27/life-expectancies-2018-japan-switzerland-spain/848675002/.
2. 詳しいデータは以下を参照のこと。the 2010 Afghanistan Mortality Survey at the United States Agency for International Development website: https://www.usaid.gov/sites/default/files/documents/1871/Afghanistan%20Mortality%20Survey%20Key%20Findings.pdf.
3. 詳細は以下を参照のこと。Griffin JP. (2008). Changing life expectancy throughout history. *J R Soc Med* 101(12): 577.
4. Benjamin B, Clarke RD, Beard RE, Brass W. (1963). A discussion on demography. *Proc R Soc Lon Series B Bio* 159(74): 38-65.
5. John Kelly. (2005). *The Great Mortality: An Intimate History of the Black Death, the Most Devastating Plague of All Time*. New York: Harper; Greenberg SJ. (1997). The "dreadful visitation": Public health and public

(2017). Loss of "homeostatic" microglia and patterns of their activation in active multiple sclerosis. *Brain* 140(7): 1900-1913.

38. さまざまな病気の発症に果たすミクログリアの役割に関する最近の知見は以下を参照のこと。Felsky D, Roostaei T, Nho K, Risacher SL, Bradshaw EM, Petyuk V, Schneider JA, Saykin A, Bennett DA, De Jager PL. (2019). Neuropathological correlates and genetic architecture of microglial activation in elderly human brain. *Nat Commun* 10(1): 409; Inta D, Lang UE, Borgwardt S, Meyer-Lindenberg A, Gass P. (2017). Microglia activation and schizophrenia: Lessons from the effects of minocycline on postnatal neurogenesis, neuronal survival and synaptic pruning. *Schizophr Bull* 43(3): 493-496; Regen F, Hellmann-Regen J, Costantini E, Reale M. (2017). Neuroinflammation and Alzheimer's disease: Implications for microglial activation. *Curr Alzheimer Res* 14(11): 1140-1148; Sellgren CM, Gracias J, Watmuff B, Biag JD, Thanos JM, Whittredge PB, Fu T, Worringer K, Brown HE, Wang J, Kaykas A, Karmacharya R, Goold CP, Sheridan SD, Perlis RH. (2019). Increased synapse elimination by microglia in schizophrenia patient-derived models of synaptic pruning. *Nat Neurosci* 22(3): 374-385.
39. Meltzer A, Van de Water J. (2017). The role of the immune system in autism spectrum disorder. *Neuropsychopharmacology* 42(1): 284-298.
40. Borgaonkar DS, Murdoch JL, McKusick VA, Borkowf SP, Money JW, Robinson BW. (1968). The YY syndrome. *Lancet* 2(7565): 461-462; Nielsen J, Stürup G, Tsuboi T, Romano D. (1969). Prevalence of the XYY syndrome in an institution for psychologically abnormal criminals. *Acta Psychiatr Scand* 45(4): 383-401; Fox RG. (1971). The XYY offender: A modern myth? *Journal of Crim Law and Crimonol* 62(1): 59-73.
41. Godar SC, Fite PJ, McFarlin KM, Bortolato M. (2016). The role of monoamine oxidase A in aggression: Current translational developments and future challenges. *Prog Neuropsychopharmacol Biol Psychiatry* 69: 90-100.
42. Brunner HG, Nelen M, Breakefield XO, Ropers HH, van Oost BA. (1993). Abnormal behavior associated with a point mutation in the structural gene for monoamine oxidase A. *Science* 262(5133): 578-580.
43. Godar SC, Bortolato M, Castelli MP, Casti A, Casu A, Chen K, Ennas MG, Tambaro S, Shih JC. (2014). The aggression and behavioral abnormalities associated with monoamine oxidase A deficiency are rescued by acute inhibition of serotonin reuptake. *J Psychiatr Res* 56: 1-9; Godar SC, Bortolato M, Frau R, Dousti M, Chen K, Shih JC. (2011). Maladaptive defensive behaviours in monoamine oxidase A-deficient mice. *Int J Neuropsychopharmacol* 14(9): 1195-1207; Scott AL, Bortolato M, Chen K, Shih JC. (2008). Novel monoamine oxidase A knock out mice with human-like spontaneous mutation. *Neuroreport* 19(7): 739-743.
44. McDermott R, Tingley D, Cowden J, Frazzetto G, Johnson DD. (2009).

Acad Sci USA 109(6): 2009-2014; Levi-Montalcini R. (2000). From a home-made laboratory to the Nobel Prize: An interview with Rita Levi Montalcini. *Int J Dev Biol* 44(6): 563-566.
29. Götz R, Köster R, Winkler C, Raulf F, Lottspeich F, Schartl M, Thoenen H. (1994). Neurotrophin-6 is a new member of the nerve growth factor family. *Nature* 372(6503): 266-269; Skaper SD. (2017). Nerve growth factor: A neuroimmune crosstalk mediator for all seasons. *Immunology* 151(1): 1-15.
30. De Assis GG, Gasanov EV, de Sousa MBC, Kozacz A, Murawska-Cialowicz E. (2018). Brain derived neutrophic factor, a link of aerobic metabolism to neuroplasticity. *J Physiol Pharmacol* 69(3); Mackay CP, Kuys SS, Brauer SG. (2017). The effect of aerobic exercise on brain-derived neurotrophic factor in people with neurological disorders: A systematic review and meta-analysis. *Neural Plast*. doi: 10.1155/2017/4716197.
31. Susan Tyler Hitchcock. (2004). *Rita Levi-Montalcini* (*Women in Medicine*). Langhorne, PA: Chelsea House; Yount L. (2009). *Rita Levi-Montalcini: Discoverer of Nerve Growth Factor* (*Makers of Modern Science*). Langhorne, PA: Chelsea House.
32. Bradshaw RA. (2013). Rita Levi-Montalcini (1909-2012). *Nature* 493(7432): 306; Levi-Montalcini R, Knight RA, Nicotera P, Nisticó G, Bazan N, Melino G. (2011). Rita's 102!! *Mol Neurobiol* 43(2): 77-79; Chao MV, Calissano P. (2013). Rita Levi-Montalcini: In memoriam. *Neuron* 77(3): 385-387.
33. Lennie P. (2003). The cost of cortical computation. *Curr Biol* 13(6): 493-497; Magistretti PJ, Allaman I. (2015). A cellular perspective on brain energy metabolism and functional imaging. *Neuron* 86(4): 883-901.
34. Rodríguez-Iglesias N, Sierra A, Valero J. (2019). Rewiring of memory circuits: Connecting adult newborn neurons with the help of microglia. *Front Cell Dev Biol* 7: 24.
35. Paolicelli RC, Bolasco G, Pagani F, Maggi L, Scianni M, Panzanelli P, Giustetto M, Ferreira TA, Guiducci E, Dumas L, Ragozzino D, Gross CT. (2011). Synaptic pruning by microglia is necessary for normal brain development. *Science* 333(6048): 1456-1458; Salter MW, Stevens B. (2017). Microglia emerge as central players in brain disease. *Nat Med* 23(9): 1018-1027.
36. Weinhard L, di Bartolomei G, Bolasco G, Machado P, Schieber NL, Neniskyte U, Exiga M, Vadisiute A, Raggioli A, Schertel A, Schwab Y, Gross CT. (2018). Microglia remodel synapses by presynaptic trogocytosis and spine head filopodia induction. *Nat Commun* 9(1): 1228.
37. van der Poel M, Ulas T, Mizee MR, Hsiao CC, Miedema SSM, Adelia, Schuurman KG, Helder B, Tas SW, Schultze JL, Hamann J, Huitinga I. (2019). Transcriptional profiling of human microglia reveals grey-white matter heterogeneity and multiple sclerosis-associated changes. *Nat Commun* 10(1): 1139; Zrzavy T, Hametner S, Wimmer I, Butovsky O, Weiner HL, Lassmann H.

21. Richard Roche, Sean Commins, Francesca Farina. (2018). *Why Science Needs Art: From Historical to Modern Day Perspectives*. Abingdon: Routledge.
22. 各個人に必要な栄養量を遺伝子がどのように決めているのかについてさらに知りたい方には以下をお薦めする。Shäron Moalem. (2016). *The DNA Restart: Unlock Your Personal Genetic Code to Eat for Your Genes, Lose Weight, and Reverse Aging*. New York: Rodale.(『DNA 再起動　人生を変える最高の食事法』シャロン・モアレム著、中里京子訳、ダイヤモンド社、2020 年). ビタミン C 生成の遺伝学に関する概説は、以下の論文によくまとめられている。Drouin G, Godin JR, Pagé B. (2011). The genetics of vitamin C loss in vertebrates. *Curr Genomics* 12(5): 371-378.
23. Nishikimi M, Kawai T, Yagi K. (1992). Guinea pigs possess a highly mutated gene for L-gulonogamma-lactone oxidase, the key enzyme for L-ascorbic acid biosynthesis missing in this species. *J Biol Chem* 267(30): 2196721972; Cui J, Yuan X, Wang L, Jones G, Zhang S. (2011). Recent loss of vitamin C biosynthesis ability in bats. *PLoS One* 6(11): e27114.
24. Melin AD, Chiou KL, Walco ER, Bergstrom ML, Kawamura S, Fedigan LM. (2017). Trichromacy increases fruit intake rates of wild capuchins (*Cebus capucinus imitator*). *Proc Natl Acad Sci USA* 114(39): 10402-10407.
25. Melin AD, Kline DW, Hickey CM, Fedigan LM. (2013). Food search through the eyes of a monkey: A functional substitution approach for assessing the ecology of primate color vision. *Vision Res* 86: 87-96; Nevo O, Valenta K, Razafimandimby D, Melin AD, Ayasse M, Chapman CA. (2018). Frugivores and the evolution of fruit colour. *Biol Lett* 14(9); Michael Price. You can thank your fruit-hunting ancestors for your color vision. *Science*, February 19, 2017.
26. Chao MV, Calissano P. (2013). Rita Levi-Montalcini: In memoriam. *Neuron* 77(3): 385-387; Chirchiglia D, Chirchiglia P, Pugliese D, Marotta R. (2019). The legacy of Rita Levi-Montalcini: From nerve growth factor to neuroinflammation. *Neuroscientist*. doi: 10.1177/1073858419827273; Federico A. (2013). Rita Levi-Montalcini, one of the most prominent Italian personalities of the twentieth century. *Neurol Sci* 34(2): 131-133.
27. Cepero A, Martín-Hernández R, Prieto L, Gómez-Moracho T, Martínez-Salvador A, Bartolomé C, Maside X, Meana A, Higes M. (2015). Is *Acarapis woodi* a single species? A new PCR protocol to evaluate its prevalence. *Parasitol Res* 114(2): 651-658; Ochoa R, Pettis JS, Erbe E, Wergin WP. (2005). Observations on the honey bee tracheal mite *Acarapis woodi* (Acari: Tarsonemidae) using low-temperature scanning electron microscopy. *Exp Appl Acarol* 35(3): 239-249.
28. Manca A, Capsoni S, Di Luzio A, Vignone D, Malerba F, Paoletti F, Brandi R, Arisi I, Cattaneo A, Levi-Montalcini R. (2012). Nerve growth factor regulates axial rotation during early stages of chick embryo development. *Proc Natl*

Defective Colour Vision. Oxford, UK: Oxford University Press.
15. Neitz J, Neitz M. (2011). The genetics of normal and defective color vision. Vision Res 51(7): 633-651; Simunovic MP. (2010). Colour vision deficiency. *Eye(Lond)* 24(5): 747-755.
16. ヒトの4色覚（4色型色覚）の可能性について初めて言及したとされている論文は、de Vries H. (1948). The fundamental response curves of normal and abnormal dichromatic and trichromatic eyes. *Physica* 14(6): 367-380. である。3色覚および4色覚に関する詳細は以下を参照のこと。Jordan G, Deeb SS, Bosten JM, Mollon JD. (2010). The dimensionality of color vision in carriers of anomalous trichromacy. *J Vis* 10(8): 12; Jameson KA, Highnote SM, Wasserman LM. (2001). Richer color experience in observers with multiple photopigment opsin genes. *Psychon Bull Rev* 8(2): 244-261; Kawamura S. (2016). Color vision diversity and significance in primates inferred from genetic and field studies. *Genes Genomics* 38: 779-791; Neitz J, Neitz M. (2011). The genetics of normal and defective color vision. *Vision Res* 51(7): 633-651; Veronique Greenwood. The humans with super human vision. *Discover*, June 2012.
17. Lamb TD. (2016). Why rods and cones? *Eye (Lond)* 30(2): 179-185; Lamb TD, Collin SP, Pugh EN Jr. (2007). Evolution of the vertebrate eye: Opsins, photoreceptors, retina and eye cup. *Nat Rev Neurosci* 8(12): 960-976; Nickle B, Robinson PR. (2007). The opsins of the vertebrate retina: Insights from structural, biochemical, and evolutionary studies. *Cell Mol Life Sci* 64(22): 2917-2932.
18. Kassia St. Claire. (2017). *The Secret Lives of Color*. New York: Penguin; Xie JZ, Tarczy-Hornoch K, Lin J, Cotter SA, Torres M, Varma R; Multi-Ethnic Pediatric Eye Disease Study Group. (2014). Color vision deficiency in preschool children: The multi-ethnic pediatric eye disease study. *Ophthalmology* (7): 1469-1474; Yokoyama S, Xing J, Liu Y, Faggionato D, Altun A, Starmer WT. (2014). Epistatic adaptive evolution of human color vision. *PLoS Genet* 10(12): e1004884.
19. Troscianko J, Wilson-Aggarwal J, Griffiths D, Spottiswoode CN, Stevens M. (2017). Relative advantages of dichromatic and trichromatic color vision in camouflage breaking. *Behav Ecol* 28(2): 556-564; Doron R, Sterkin A, Fried M, Yehezkel O, Lev M, Belkin M, Rosner M, Solomon AS, Mandel Y, Polat U. (2019). Spatial visual function in anomalous trichromats: Is less more? *PLoS One* 14(1): e0209662; Melin AD, Chiou KL, Walco ER, Bergstrom ML, Kawamura S, Fedigan LM. (2017). Trichromacy increases fruit intake rates of wild capuchins (*Cebus capucinus imitator*). *Proc Natl Acad Sci USA* 114(39): 10402-10407.
20.『タイム』紙の1940年の元記事を読みたい場合は以下のウェブサイトで閲覧可能。http://content.time.com/time/magazine/article/0,9171,772387,00.html.

161A(11): 2809-2821; Lubs HA, Stevenson RE, Schwartz CE. (2012). Fragile X and X-linked intellectual disability: Four decades of discovery. *Am J Hum Genet* 90(4): 579-590.

7. Boyle CA, Boulet S, Schieve LA, Cohen RA, Blumberg SJ, Yeargin-Allsopp M, Visser S, Kogan MD. (2011). Trends in the prevalence of developmental disabilities in US children, 1997-2008. *Pediatrics* 127(6): 1034-1042; Xu G, Strathearn L, Liu B, Yang B, Bao W. (2018). Twenty-year trends in diagnosed attention-deficit/hyperactivity disorder among US children and adolescents, 1997-2016. *JAMA Netw Open* 1(4): e181471.
8. Gissler M, Järvelin MR, Louhiala P, Hemminki E. (1999). Boys have more health problems in childhood than girls: Follow-up of the 1987 Finnish birth cohort. *Acta Paediatr* 88(3): 310-314.
9. Boyle CA, Boulet S, Schieve LA, Cohen RA, Blumberg SJ, Yeargin-Allsopp M, Visser S, Kogan MD. (2011). Trends in the prevalence of developmental disabilities in US children, 1997-2008. *Pediatrics* 127(6): 1034-1042. 詳細は米国疾病管理予防センターのウェブサイトを参照のこと。https://www.cdc.gov/ncbddd/developmentaldisabilities/features/birthdefects-dd-keyfindings.html.
10. 米国で2014年から2016年の間に実施された3歳から17歳までを対象にした調査によると、発達障害の有病率は男児では8.15%、女児では4.29%だった。詳細は以下を参照のこと。Zablotsky B, Black LI, Blumberg SJ. (2017). Estimated prevalence of children with diagnosed developmental disabilities in the United States, 2014-2016. *NCHS Data Brief* 291: 1-8.
11. 脳の発達にかかわる複雑な過程を深く理解するには拙著を参照のこと。Inheritance: *How Our Genes Change Our Lives-and Our Lives Change Our Genes,* published by Grand Central Publishing in 2014.(『遺伝子は、変えられる。―あなたの人生を根本から変えるエピジェネティクスの真実』シャロン・モアレム著、中里京子訳、ダイヤモンド社、2017年).
12. Hong P. (2013). Five things to know about . . . ankyloglossia (tongue-tie). *CMAJ* 185(2): E128; Power RF, Murphy JF. (2015). Tongue-tie and frenotomy in infants with breastfeeding difficulties: Achieving a balance. *Arch Dis Child* 100(5): 489-494.
13. 先天性内反足は子どもによく見られる足の変形である。現在、先天性内反足の治療にはギプスを利用したポンセッティ法が好まれる。病態の詳細および各種治療法の解説については以下を参照のこと。Ganesan B, Luximon A, Al-Jumaily A, Balasankar SK, Naik GR. (2017). Ponseti method in the management of clubfoot under 2 years of age: A systematic review. *PLoS One* 12(6): e0178299; Michalski AM, Richardson SD, Browne ML, Carmichael SL, Canfield MA, Van Zutphen AR, Anderka MT, Marshall EG, Druschel CM. (2015). Sex ratios among infants with birth defects, National Birth Defects Prevention Study, 1997-2009. *Am J Med Genet A* 167A(5): 1071-1081.
14. John D. Mollon, Joel Pokorny, Ken Knoblauch. (2003). *Normal and*

Child Adolesc Psychiatry 56(6): 466-474.
2. Kogan MD, Vladutiu CJ, Schieve LA, Ghandour RM, Blumberg SJ, Zablotsky B, Perrin JM, Shattuck P, Kuhlthau KA, Harwood RL, Lu MC. (2018). The prevalence of parent-reported autism spectrum disorder among US children. *Pediatrics* 142(6); Christensen DL, Braun KVN, Baio J, Bilder D, Charles J, Constantino JN, Daniels J, Durkin MS, Fitzgerald RT, Kurzius-Spencer M, Lee LC, Pettygrove S, Robinson C, Schulz E, Wells C, Wingate MS, Zahorodny W, Yeargin-Allsopp M. (2018). Prevalence and characteristics of autism spectrum disorder among children aged 8 years—Autism and Developmental Disabilities Monitoring Network, 11 Sites, United States, 2012. *MMWR Surveill Summ* 65(13): 1-23.
3. Benavides A, Metzger A, Tereshchenko A, Conrad A, Bell EF, Spencer J, Ross-Sheehy S, Georgieff M, Magnotta V, Nopoulos P. (2019). Sex-specific alterations in preterm brain. *Pediatr Res* 85(1): 55-62; Skiöld B, Alexandrou G, Padilla N, Blennow M, Vollmer B, Adén U. (2014). Sex differences in outcome and associations with neonatal brain morphology in extremely preterm children. *J Pediatr* 164(5): 1012-1018; Zhou L, Zhao Y, Liu X, Kuang W, Zhu H, Dai J, He M, Lui S, Kemp GJ, Gong Q. (2018). Brain gray and white matter abnormalities in preterm-born adolescents: A meta-analysis of voxel-based morphometry studies. *PLoS One* 13(10): e0203498; Hintz SR, Kendrick DE, Vohr BR, Kenneth Poole W, Higgins RD; NICHD Neonatal Research Network. (2006). Gender differences in neurodevelopmental outcomes among extremely preterm, extremely-low-birthweight infants. *Acta Paediatr* 95(10): 1239-1248.
4. Neri G, Schwartz CE, Lubs HA, Stevenson RE. (2017). X-linked intellectual disability update. *Am J Med Genet* A 176(6): 1375-1388; Takashi Sado. (2018). X-Chromosome Inactivation: Methods and Protocols. New York: Springer Nature; Stevenson RE, Schwartz CE. (2009). X-linked intellectual disability: Unique vulnerability of the male genome. *Dev Disabil Res Rev* 15(4): 361-368.
5. Lubs HA, Stevenson RE, Schwartz CE. (2012). Fragile X and X-linked intellectual disability: Four decades of discovery. *Am J Hum Genet* 90(4): 579-590; Roger E. Stevenson, Charles E. Schwartz, R. Curtis Rogers. (2012). *Atlas of XLinked Intellectual Disability Syndromes*. New York: Oxford University Press.
6. Hagerman RJ, Berry-Kravis E, Hazlett HC, Bailey DB Jr, Moine H, Kooy RF, Tassone F, Gantois I, Sonenberg N, Mandel JL, Hagerman PJ. (2012). Fragile X syndrome. *Nat Rev Dis Primers* 3: 17065; Bagni C, Tassone F, Neri G, Hagerman R. (2012). Fragile X syndrome: Causes, diagnosis, mechanisms, and therapeutics. *J Clin Invest* 122(12): 4314-4322; Bagni C, Oostra BA. (2013). Fragile X syndrome: From protein function to therapy. *Am J Med Genet A*

Front Immunol 8: 1455; Vázquez-Martínez ER, García-Gómez E, Camacho-Arroyo I, González-Pedrajo B. (2018). Sexual dimorphism in bacterial infections. *Biol Sex Differ* 9(1): 27.
13. Tromp I, Kiefte-de Jong J, Raat H, Jaddoe V, Franco O, Hofman A, de Jongste J, Moll H. (2017). Breastfeeding and the risk of respiratory tract infections after infancy: The Generation R Study. *PLoS One* 12(2): e0172763; Gerhart KD, Stern DA, Guerra S, Morgan WJ, Martinez FD, Wright AL. (2018). Protective effect of breastfeeding on recurrent cough in adulthood. *Thorax* 73(9): 833-839.
14. Ding SZ, Goldberg JB, Hatakeyama M. (2010). *Helicobacter pylori* infection, oncogenic pathways and epigenetic mechanisms in gastric carcinogenesis. *Future Oncol* 6(5): 851-862; Matsumoto Y, Marusawa H, Kinoshita K, Endo Y, Kou T, Morisawa T, Azuma T, Okazaki IM, Honjo T, Chiba T. (2007). *Helicobacter pylori* infection triggers aberrant expression of activationinduced cytidine deaminase in gastric epithelium. *Nat Med* 13(4): 470-476.
15. カフカの病歴についてさらに知りたい方には以下をお薦めする。Felisati D, Sperati G. (2005). Famous figures: Franz Kafka (1883-1924). *Acta Otorhinolaryngol Ital* 25(5): 328-332; Mydlík M, Derzsiová K. (2007). Robert Klopstock and Franz Kafka — the friends from Tatranské Matliare (the High Tatras). *Prague Med Rep* 108(2): 191-195; Vilaplana C. (2017). A literary approach to tuberculosis: Lessons learned from Anton Chekhov, Franz Kafka, and Katherine Mansfield. *Int J Infect Dis* 56: 283-285.
16. Lange L, Pescatore H. (1935). Bakteriologische Untersuchungen zur Lübecker Säuglingstuberkulose. *Arbeiten a d Reichsges-Amt* 69: 205-305; Schuermann P, Kleinschmidt H. (1935). Pathologie und Klinik der Lübecker Säuglingstuberkuloseerkrankungen. *Arbeiten a d Reichsges-Amt* 69: 25-204.
17. 世界保健機関では結核に関する包括的な情報を保管している。MDR-TB の症例も収集していて、現在の世界全体の患者数は 55 万 8000 人となっている。結核に関する詳細は世界保健機関のウェブサイトを参照のこと。https://www.who.int/tb/en/.
18. 感染症が人類の歴史にどのような影響を与え、その形成にどのようにかかわってきたかをさらに知りたい方には拙著をお薦めする。Shäron Moalem with Jonathan M. Prince. (2007). *Survival of the Sickest: A Medical Maverick Discovers Why We Need Disease.* New York: William Morrow.（『迷惑な進化：病気の遺伝子はどこから来たのか』、シャロン・モアレム、ジョナサン・プリンス著、矢野真千子訳、日本放送出版協会、2007 年）.

第 3 章　恵まれない境遇：男性の脳

1. Loomes R, Hull L, Mandy WPL. (2017). What is the male-to-female ratio in autism spectrum disorder? A systematic review and meta-analysis. *J Am Acad*

8. タイ政府がみごとに達成したHIV母子感染撲滅に関する詳細は以下を参照のこと。Lolekha R, Boonsuk S, Plipat T, Martin M, Tonputsa C, Punsuwan N, Naiwatanakul T, Chokephaibulkit K, Thaisri H, Phanuphak P, Chaivooth S, Ongwandee S, Baipluthong B, Pengjuntr W, Mekton S. (2016). Elimination of mother-to-child transmission of HIV-Thailand. *MMWR Morb Mortal Wkly Rep* 65(22): 562-566; Thisyakorn U. (2017). Elimination of mother-to-child transmission of HIV: Lessons learned from success in Thailand. *Paediatr Int Child Health* 37(2): 99-108.
9. Griesbeck M, Scully E, Altfeld M. (2016). Sex and gender differences in HIV-1 infection. *Clin Sci (Lond)* 130(16): 1435-1451; Jiang H, Yin J, Fan Y, Liu J, Zhang Z, Liu L, Nie S. (2015). Gender difference in advanced HIV disease and late presentation according to European consensus definitions. *Sci Rep* 5: 14543.
10. Beckham SW, Beyrer C, Luckow P, Doherty M, Negussie EK, Baral SD. (2016). Marked sex differences in all-cause mortality on antiretroviral therapy in low-and middle-income countries: A systematic review and meta-analysis. *J Int AIDS Soc* 19(1): 21106; Kumarasamy N, Venkatesh KK, Cecelia AJ, Devaleenol B, Saghayam S, Yepthomi T, Balakrishnan P, Flanigan T, Solomon S, Mayer KH. (2008). Gender-based differences in treatment and outcome among HIV patients in South India. *J Womens Health* 17(9): 1471-1475.
11. Hwang JK, Alt FW, Yeap LS. (2015). Related mechanisms of antibody somatic hypermutation and class switch recombination. *Microbiol Spectr* 3(1): MDNA3-0037-2014; Kitaura K, Yamashita H, Ayabe H, Shini T, Matsutani T, Suzuki R. (2017). Different somatic hypermutation levels among antibody subclasses disclosed by a new next-generation sequencing-based antibody repertoire analysis. *Front Immunol* 8: 389; Methot SP, Di Noia JM. (2017). Molecular mechanisms of somatic hypermutation and class switch recombination. *Adv Immunol* 33: 37-87; Sheppard EC, Morrish RB, Dillon MJ, Leyland R, Chahwan R. (2018). Epigenomic modifications mediating antibody maturation. *Front Immunol* 9: 355; Xu Z, Pone EJ, Al-Qahtani A, Park SR, Zan H, Casali P. (2007). Regulation of AICDA expression and AID activity: Relevance to somatic hypermutation and class switch DNA recombination. *Crit Rev Immunol* 27(4): 367-397; Methot SP, Litzler LC, Subramani PG, Eranki AK, Fifield H, Patenaude AM, Gilmore JC, Santiago GE, Bagci H, Côté JF, Larijani M, Verdun RE, Di Noia JM. (2018). A licensing step links AID to transcription elongation for mutagenesis in B cells. *Nat Commun* 9(1): 1248.
12. Schurz H, Salie M, Tromp G, Hoal EG, Kinnear CJ, Möller M. (2019). The X chromosome and sex-specific effects in infectious disease susceptibility. *Hum Genomics* 13(1): 2; Spolarics Z, Peña G, Qin Y, Donnelly RJ, Livingston DH. (2017). Inherent X-linked genetic variability and cellular mosaicism unique to females contribute to sexrelated differences in the innate immune response.

以下で閲覧可能。http://data.un.org/Data.aspx?d=PopDiv&f=variableID%3A52.

第２章　回復力：女性が壊れにくい理由

1. Enserink M. (2005). Physiology or medicine: Triumph of the ulcer-bug theory. Science 310(5745): 34-35; Sobel RK. (2001). Barry Marshall. A gutsy gulp changes medical science. *US News World Rep* 131(7): 59; Kyle RA, Steensma DP, Shampo MA. (2016). Barry James Marshall-discovery of *Helicobacter pylori* as a cause of peptic ulcer. *Mayo Clin Proc* 91(5): e67-68.
2. Barry J. Marshall, ed. (2002). *Helicobacter Pioneers: Firsthand Accounts from the Scientists Who Discovered Helicobacters, 1892-1982*. Carlton South: Wiley-Blackwell.
3. Pamela Weintraub. The doctor who drank infectious broth, gave himself an ulcer, and solved a medical mystery. Discover, April 2010; Groh EM, Hyun N, Check D, Heller T, Ripley RT, Hernandez JM, Graubard BI, Davis JL. (2018). Trends in major gastrectomy for cancer: Frequency and outcomes. *J Gastrointest Surg*. doi: 10.1007/s11605-018-4061-x.
4. Rosenstock SJ, Jørgensen T. (1995). Prevalence and incidence of peptic ulcer disease in a Danish County — a prospective cohort study. *Gut* 36(6): 819-824; Räihä I, Kemppainen H, Kaprio J, Koskenvuo M, Sourander L. (1998). Lifestyle, stress, and genes in peptic ulcer disease: A nationwide twin cohort study. *Arch Intern Med* 158(7): 698-704.
5. Schurz H, Salie M, Tromp G, Hoal EG, Kinnear CJ, Möller M. (2019). The X chromosome and sex-specific effects in infectious disease susceptibility. *Hum Genomics* 13(1): 2; Sakiani S, Olsen NJ, Kovacs WJ. (2013). Gonadal steroids and humoral immunity. *Nat Rev Endocrinol* 9(1): 56-62; Spolarics Z, Peña G, Qin Y, Donnelly RJ, Livingston DH. (2017). Inherent X-linked genetic variability and cellular mosaicism unique to females contribute to sex-related differences in the innate immune response. *Front Immunol* 8: 1455; Ding SZ, Goldberg JB, Hatakeyama M. (2010). *Helicobacter pylori* infection, oncogenic pathways and epigenetic mechanisms in gastric carcinogenesis. *Future Oncol* 6(5): 851-862.
6. Ohtani M, Ge Z, García A, Rogers AB, Muthupalani S, Taylor NS, Xu S, Watanabe K, Feng Y, Marini RP, Whary MT, Wang TC, Fox JG. (2011). 17 β-estradiol suppresses *Helicobacter pylori*-induced gastric pathology in male hypergastrinemic INS-GAS mice. *Carcinogenesis* 32(8): 1244-1250; Camargo MC, Goto Y, Zabaleta J, Morgan DR, Correa P, Rabkin CS. (2012). Sex hormones, hormonal interventions, and gastric cancer risk: A meta-analysis. *Cancer Epidemiol Biomarkers Prev* 21(1): 20-38.
7. Schurz H, Salie M, Tromp G, Hoal EG, Kinnear CJ, Möller M. (2019). The X chromosome and sex-specific effects in infectious disease susceptibility. *Hum Genomics* 13(1): 2.

7. 男女産み分けの薬や植物療法は先天異常のリスクを増加させるだけでなく、死産を誘発するとも考えられている。最近の研究によると、妊娠中の女性が植物療法による薬を服用した場合、リスクは3倍高くなる。現状を分析した論文や論説は以下のとおり。Neogi SB, Negandhi PH, Sandhu N, Gupta RK, Ganguli A, Zodpey S, Singh A, Singh A, Gupta R. (2015). Indigenous medicine use for sex selection during pregnancy and risk of congenital malformations: A populationbased case-control study in Haryana, India. *Drug Saf* 38(9): 789-797; Neogi SB, Negandhi PH, Ganguli A, Chopra S, Sandhu N, Gupta RK, Zodpey S, Singh A, Singh A, Gupta R. (2015). Consumption of indigenous medicines by pregnant women in North India for selecting sex of the foetus: What can it lead to? *BMC Pregnancy Childbirth* 15: 208.
8. Brush, S. (1978). Nettie M. Stevens and the discovery of sex determination by chromosomes. Isis 69(2): 163-172; Wessel GM. (2011). Y does it work this way? Nettie Maria Stevens (July 7, 1861-May 4, 1912). *Mol Reprod Dev* 78(9): Fmi; Ogilvie MB, Choquette CJ. (1981). Nettie Maria Stevens (1861-1912): Her life and contributions to cytogenetics. *Proc Am Philos Soc* 125(4): 292-311.
9. Kalantry S, Mueller JL. (2015). Mary Lyon: A tribute. *Am J Hum Genet* 97(4): 507-510; Rastan S. (2015). Mary F. Lyon (1925-2014). *Nature* 518(7537): 36; Watts G. (2015). Mary Frances Lyon. *Lancet* 385(9970): 768; Morey C, Avner P. (2011). The demoiselle of X-inactivation: 50 years old and as trendy and mesmerising as ever. *PLoS Genet* 7(7): e1002212.
10. Sahakyan A, Yang Y, Plath K. (2018). The role of Xist in X-chromosome dosage compensation. *Trends Cell Biol* 28(12): 999-1013; Gendrel AV, Heard E. (2014). Noncoding RNAs and epigenetic mechanisms during X-chromosome inactivation. *Annu Rev Cell Dev Biol* 30: 561-580; Wutz A. (2011). Gene silencing in Xchromosome inactivation: Advances in understanding facultative heterochromatin formation. *Nat Rev Genet* 12(8): 542-553.
11. メアリー・ライアン博士による画期的な原論文は、以下のものである。Lyon, MF. (1961). Gene action in the X-chromosome of the mouse (Mus musculus L.). *Nature* 190: 372-373.
12. Breed MD, Guzmán-Novoa E, Hunt GJ. (2004). Defensive behavior of honey bees: Organization, genetics, and comparisons with other bees. *Annu Rev Entomol* 49: 271-298; Metz BN, Tarpy DR. (2019). Reproductive senescence in drones of the honey bee (*Apis mellifera*). *Insects* 10(1).
13. Howard SR, Avarguès-Weber A, Garcia JE, Greentree AD, Dyer AG. (2019). Numerical cognition in honeybees enables addition and subtraction. *Sci Adv* 5(2): eaav0961; Howard SR, Avarguès-Weber A, Garcia JE, Greentree AD, Dyer AG. (2019). Symbolic representation of numerosity by honeybees (*Apis mellifera*): Matching characters to small quantities. *Proc Biol Sci* 286(1904): 20190238.
14. 世界各国における出生時の性比については国連でデータを保管している。

Matter? Washington, DC: National Academies Press.

第１章　生命の真実

1. Steven L. Gersen, Martha B. Keagle. (2013). The Principles of Clinical Cytogenetics. New York: Humana Press; R. J. McKinlay Gardner, Grant R. Sutherland, Lisa G. Shaffer (2013). *Chromosome Abnormalities and Genetic Counseling*. New York: Oxford University Press; Reed E. Pyeritz, Bruce R. Korf, Wayne W. Grody, eds. (2018). *Emery and Rimoin's Principles and Practice of Medical Genetics and Genomics*. London: Academic Press.
2. Crawford GE, Ledger WL. (2019). In vitro fertilisation/intracytoplasmic sperm injection beyond 2020. *BJOG* 126(2): 237-243; Vogel G, Enserink M. (2010). Nobel Prizes honor for test tube baby pioneer. *Science* 330(6001): 158-159.
3. Lina Gálvez, Bernard Harris. (2016). *Gender and Well-Being in Europe: Historical and Contemporary Perspectives.* Abingdon: Routledge; McCauley E. (2017). Challenges in educating patients and parents about differences in sex development. *Am J Med Genet C Semin Med Genet* 175(2): 293-299.
4. この事例については拙著*Inheritance: How Our Genes Change Our Lives-and Our Lives Change Our Genes,* published by Grand Central Publishing in 2014.（『遺伝子は、変えられる。―あなたの人生を根本から変えるエピジェネティクスの真実』シャロン・モアレム著、中里京子訳、ダイヤモンド社、2017年）で取り上げた。XX型男性における*SOX3*遺伝子およびその役割に関する詳細は以下の論文を参照のこと。Moalem S, Babul-Hirji R, Stavropolous DJ, Wherrett D, Bägli DJ, Thomas P, Chitayat D. (2012). XX male sex reversal with genital abnormalities associated with a de novo SOX3 gene duplication. *Am J Med Genet A* 158A(7): 1759-1764; Vetro A, Dehghani MR, Kraoua L, Giorda R, Beri S, Cardarelli L, Merico M, Manolakos E, Parada-Bustamante A, Castro A, Radi O, Camerino G, Brusco A, Sabaghian M, Sofocleous C, Forzano F, Palumbo P, Palumbo O, Calvano S, Zelante L, Grammatico P, Giglio S, Basly M, Chaabouni M, Carella M, Russo G, Bonaglia MC, Zuffardi O. (2015). Testis development in the absence of SRY: Chromosomal rearrangements at *SOX9* and *SOX3*. *Eur J Hum Genet* 23(8): 1025-1032; Xia XY, Zhang C, Li TF, Wu QY, Li N, Li WW, Cui YX, Li XJ, Shi YC. (2015). A duplication upstream of *SOX9* was not positively correlated with the SRY-negative 46,XX testicular disorder of sex development: A case report and literature review. *Mol Med Rep* 12(4): 5659-5664.
5. Bhatia R. (2018). *Gender Before Birth: Sex Selection in a Transnational Context.* Seattle: University of Washington Press.
6. Vergara MN, Canto-Soler MV. (2012). Rediscovering the chick embryo as a model to study retinal development. *Neural Dev* 7: 22; Haqq CM, Donahoe PK. (1998). Regulation of sexual dimorphism in mammals. *Physiol Rev* 78(1): 1-33.

Pediatrics 139(3): pii, e20161821.

9. 外傷患者の予後を調べた19件の研究（男性10万566人、女性3万9762人）を対象にしたメタ分析によると、男性では死亡率の増加、入院期間の長期化、合併症の発生率の上昇が見られた。詳細は以下を参照のこと。Liu T, Xie J, Yang F, Chen JJ, Li ZF, Yi CL, Gao W, Bai XJ. (2015). The influence of sex on outcomes in trauma patients: A meta-analysis. Am J Surg 210(5): 911-921. このテーマに関する詳細は以下の書籍、論文を参照のこと。Al-Tarrah K, Moiemen N, Lord JM. (2017). The influence of sex steroid hormones on the response to trauma and burn injury. Burns Trauma 5: 29; Bösch F, Angele MK, Chaudry IH. (2018). Gender differences in trauma, shock and sepsis. Mil Med Res 5(1): 35; Barbara R. Migeon. (2013). Females Are Mosaics: X-Inactivation and Sex Differences in Disease. New York: Oxford University Press; Pape M, Giannakópoulos GF, Zuidema WP, de Lange-Klerk ESM, Toor EJ, Edwards MJR, Verhofstad MHJ, Tromp TN, van Lieshout EMM, Bloemers FW, Geeraedts LMG. (2019). Is there an association between female gender and outcome in severe trauma? A multi-center analysis in the Netherlands. Scand J Trauma Resusc Emerg Med 27(1): 16.
10. Spolarics Z, Peña G, Qin Y, Donnelly RJ, Livingston DH. (2017). Inherent X-linked genetic variability and cellular mosaicism unique to females contribute to sex-related differences in the innate immune response. *Front Immunol* 8: 1455.
11. Billi AC, Kahlenberg JM, Gudjonsson JE. (2019). Sex bias in autoimmunity. *Curr Opin Rheumatol* 31(1): 53-61; Chiaroni-Clarke RC, Munro JE, Ellis JA. (2016). Sex bias in paediatric autoimmune disease-not just about sex hormones? *J Autoimmun* 69: 12-23.
12. Peña G, Michalski C, Donnelly RJ, Qin Y, Sifri ZC, Mosenthal AC, Livingston DH, Spolarics Z. (2017). Trauma-induced acute X chromosome skewing in white blood cells represents an immuno-modulatory mechanism unique to females and a likely contributor to sex-based outcome differences. *Shock* 47(4): 402-408; Chandra R, Federici S, Németh ZH, Csóka B, Thomas JA, Donnelly R, Spolarics Z. (2014). Cellular mosaicism for X-linked polymorphisms and IRAK1 expression presents a distinct phenotype and improves survival following sepsis. *J Leukoc Biol* 95(3): 497-507.
13. Petkovic J, Trawin J, Dewidar O, Yoganathan M, Tugwell P, Welch V. (2018). Sex/gender reporting and analysis in Campbell and Cochrane systematic reviews: A crosssectional methods study. *Syst Rev* 7(1): 113; Sandberg K, Verbalis JG. (2013). Sex and the basic scientist: Is it time to embrace Title IX? *Biol Sex Differ* 4(1): 13.
14. Institute of Medicine (U.S.), Committee on Understanding the Biology of Sex and Gender Differences, Mary-Lou Pardue, Theresa M. Wizemann. (2001). *Exploring the Biological Contributions to Human Health: Does Sex*

G, Deeb SS, Bosten JM, Mollon JD. (2010). The dimensionality of color vision in carriers of anomalous trichromacy. *J Vis* 10(8): 12.

5. 女性の長寿に関する文献は多い。この問題についてさらに知りたい方には、入口としては以下の論文がちょうどよくまとまっている。Marais GAB, Gaillard JM, Vieira C, Plotton I, Sanlaville D, Gueyffier F, Lemaitre JF. (2018). Sex gap in aging and longevity: Can sex chromosomes play a role? *Biol Sex Differ* 9(1): 33; Pipoly I, Bokony V, Kirkpatrick M, Donald PF, Szekely T, Liker A. (2015). The genetic sex-determination system predicts adult sex ratios in tetrapods. *Nature* 527(7576): 91-94; Austad SN, Fischer KE. (2016). Sex differences in lifespan. *Cell Metab* 23(6): 1022-1033.
6. Parra J, de Suremain A, Berne Audeoud F, Ego A, Debillon T. (2017). Sound levels in a neonatal intensive care unit significantly exceeded recommendations, especially inside incubators. Acta Paediatr 106(12): 1909-1914; Laubach V, Wilhelm P, Carter K. (2014). Shhh . . . I'm growing: Noise in the NICU. Nurs Clin North Am 49(3): 329-344; Almadhoob A, Ohlsson A. (2015). Sound reduction management in the neonatal intensive care unit for preterm or very low birth weight infants. Cochrane Database Syst Rev 1: CD010333.
7. 未熟児の治療法にはかなりの進歩が見られる。このテーマに関する詳細は以下を参照のこと。Benavides A, Metzger A, Tereshchenko A, Conrad A, Bell EF, Spencer J, Ross-Sheehy S, Georgieff M, Magnotta V, Nopoulos P. (2019). Sex-specific alterations in preterm brain. Pediatr Res 85(1): 55-62; Glass HC, Costarino AT, Stayer SA, Brett CM, Cladis F, Davis PJ. (2015). Outcomes for extremely premature infants. *Anesth Analg* 120(6): 1337-1351; EXPRESS Group, Fellman V, Hellström-Westas L, Norman M, Westgren M, Källén K, Lagercrantz H, Marsál K, Serenius F, Wennergren M. (2009). One-year survival of extremely preterm infants after active perinatal care in Sweden. *JAMA* 301(21): 2225-2233.
8. Macho P. (2017). Individualized developmental care in the NICU: A concept analysis. *Adv Neonatal Care* 17(3): 162-174; Doede M, Trinkoff AM, Gurses AP. (2018). Neonatal intensive care unit layout and nurses' work. *HERD* 11(1): 101-118; Stoll BJ, Hansen NI, Bell EF, Walsh MC, Carlo WA, Shankaran S, Laptook AR, Sánchez PJ, Van Meurs KP, Wyckoff M, Das A, Hale EC, Ball MB, Newman NS, Schibler K, Poindexter BB, Kennedy KA, Cotten CM, Watterberg KL, D'Angio CT, DeMauro SB, Truog WE, Devaskar U, Higgins RD; Eunice Kennedy Shriver National Institute of Child Health and Human Development Neonatal Research Network. (2015). Trends in care practices, morbidity, and mortality of extremely preterm neonates, 1993-2012. *JAMA* 314(10): 1039-1051; Stensvold HJ, Klingenberg C, Stoen R, Moster D, Braekke K, Guthe HJ, Astrup H, Rettedal S, Gronn M, Ronnestad AE; Norwegian Neonatal Network. (2017). Neonatal morbidity and 1-year survival of extremely preterm infants.

原 注

献辞

1. Agrippa, Henricus C. (2007). Declamation on the Nobility and Preeminence of the Female Sex. Edited and translated by Albert Rabil. Chicago: University of Chicago Press.

はじめに

1. ヒトの寿命における性差についてさらに知りたい方には以下をお薦めする。Ostan R, Monti D, Gueresi P, Bussolotto M, Franceschi C, Baggio G. (2016). Gender, aging and longevity in humans: An update of an intriguing/neglected scenario paving the way to a gender-specific medicine. *Clin Sci (Lond)* 130(19): 1711? 1725; Zarulli V, Barthold Jones JA, Oksuzyan A, Lindahl-Jacobsen R, Christensen K, Vaupel JW. (2018). Women live longer than men even during severe famines and epidemics. *Proc Natl Acad Sci USA* 115(4): E832-E840.
2. 免疫応答に見られるさまざまな性差に関する詳細は以下を参照のこと。Giefing-Kröll C, Berger P, Lepperdinger G, Grubeck-Loebenstein B. (2015). How sex and age affect immune responses, susceptibility to infections, and response to vaccination. *Aging Cell* 14(3): 309-321; Spolarics Z, Peña G, Qin Y, Donnelly RJ, Livingston DH. (2017). Inherent X-linked genetic variability and cellular mosaicism unique to females contribute to sex-related differences in the innate immune response. *Front Immunol* 8: 1455.
3. 男性の知的障害に伴う負担に関する概論は以下を参照のこと。Muthusamy B, Selvan LDN, Nguyen TT, Manoj J, Stawiski EW, Jaiswal BS, Wang W, Raja R, Ramprasad VL, Gupta R, Murugan S, Kadandale JS, Prasad TSK, Reddy K, Peterson A, Pandey A, Seshagiri S, Girimaji SC, Gowda H. (2017). Next-generation sequencing reveals novel mutations in X-linked intellectual disability. OMICS 21(5): 295-303; Niranjan TS, Skinner C, May M, Turner T, Rose R, Stevenson R, Schwartz CE, Wang T. (2015). Affected kindred analysis of human X chromosome exomes to identify novel X-linked intellectual disability genes. *PLoS One* 10(2): e0116454.
4. ヒトの色認識全般についてさらに知りたい方には以下をお薦めする。John D. Mollon, Joel Pokorny, Ken Knoblauch. (2003). *Normal and Defective Colour Vision*. Oxford, UK: Oxford University Press; Kassia St. Claire. (2017). *The Secret Lives of Color*. New York: Penguin; Veronique Greenwood. The humans with super human vision. *Discover*, June 2012; Jameson KA, Highnote SM, Wasserman LM. (2001). Richer color experience in observers with multiple photo pigment opsin genes. *Psychon Bull Rev* 8(2): 244-261; Jordan

ち

て

と

な

に

ね

の

は

ひ

索引

著者
シャロン・モアレム（Shäron Moalem）
科学者であり医師。遺伝学および希少遺伝子疾患の分野で世界的に名を知られ、臨床研究を通して希少遺伝子疾患を2種発見している。医学誌『ジャーナル・オブ・アルツハイマーズ・ディジーズ』の共同編集者を務め、バイオテクノロジー企業を2社、協同で設立している。現在は、進化、遺伝学、生物学、医学を結びつけて総合的に研究を進めている。これまでに『迷惑な進化　病気の遺伝子はどこから来たのか』（NHK出版）、『人はなぜSEXをするのか　進化のための遺伝子の最新研究』（アスペクト）、『DNA再起動　人生を変える最高の食事法』（ダイヤモンド社）、『遺伝子は、変えられる　あなたの人生を根本から変えるエピジェネティクスの真実』（ダイヤモンド社）などを執筆。

訳者
伊藤伸子（いとう・のぶこ）
翻訳者。主な訳書に、『世界の見方が変わる元素の話』（草思社）、『世界を変えた10人の女性科学者』『ビジュアル大百科 元素と周期表』（以上化学同人）、『周期表図鑑』（ニュートンプレス）、『もっと知りたい科学入門』（東京書籍）、『ワインの味の科学』（エクスナレッジ）などがある。

寿命《じゅみょう》は遺伝子《いでんし》で決《き》まる—長寿《ちょうじゅ》は女性《じょせい》の特権《とっけん》だった

2023年12月5日　第1刷発行
著者　シャロン・モアレム
翻訳　伊藤伸子

発行者　富澤凡子
発行所　柏書房株式会社
東京都文京区本郷2-15-13（〒113-0033）
電話（03）3830-1891［営業］
（03）3830-1894［編集］

装丁　加藤愛子（オフィスキントン）
DTP　株式会社キャップス
印刷　壮光舎印刷株式会社
製本　株式会社ブックアート

ISBN978-4-7601-5555-2 C0045